我的第一雙 棒針手織襪

襪！真簡單

這本棒針編織的襪子書所收錄的作法，
是目前正在申請專利的劃時代創新織法。
只要直直編織兩片長方形的織片，
併縫之後，轉眼間即完成一雙正統的襪子！
其中的奧祕請參閱本書！
襪子基本上都是以平面針與起伏針來編織，
但織入圖案與花樣編之類的變化也相當豐富。
款式包含一般規格的襪子、高筒襪、室內鞋等，
尺寸則分為成人 M、L 兩種 30 款＋童襪 4 款，
嬰兒襪 2 款，共介紹 36 款樣式。
直編襪既有趣又簡單，何不立刻動手編織呢！

＊ ＊ ＊ ＊ ＊ ＊ ＊ ＊ ＊ ＊

超簡單直編襪的驚奇祕密

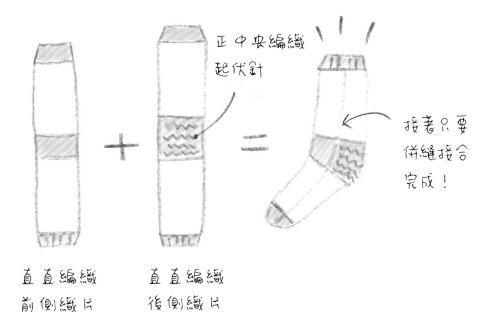

正中央編織
起伏針

直直編織
前側織片

直直編織
後側織片

接著只要
併縫接合
完成！

超簡單直編襪的作法正如插圖所示，
只要直直編織2片織片，
僅併縫接合即可完成。

真的就是以如此簡單的作法，織出款式多樣繽紛的襪子。
其中的祕密，就是後側織片正中央的起伏針。
因為這裡剛好是腳後跟的位置，
所以無論是穿起來的感覺還是外觀，都與普通的襪子無異！

「織襪子好像很難欸……」
「自己是第一次動手編織的初學者……」
「以前織過，但一波三折令人氣餒……」
對於曾有過這些經驗的讀者，我更希望您來嘗試，
動手織織看本書所介紹的這種超簡單直編襪。

首先，請仔細閱讀第4頁開始的解說，然後開始編織吧！

請一定要試著編織、穿看看、享受這令人驚訝的全新體驗！

申請專利中的劃時代創新織法！

襪！真簡單
我的第一雙棒針手織襪

MIKA * YUKA

目錄

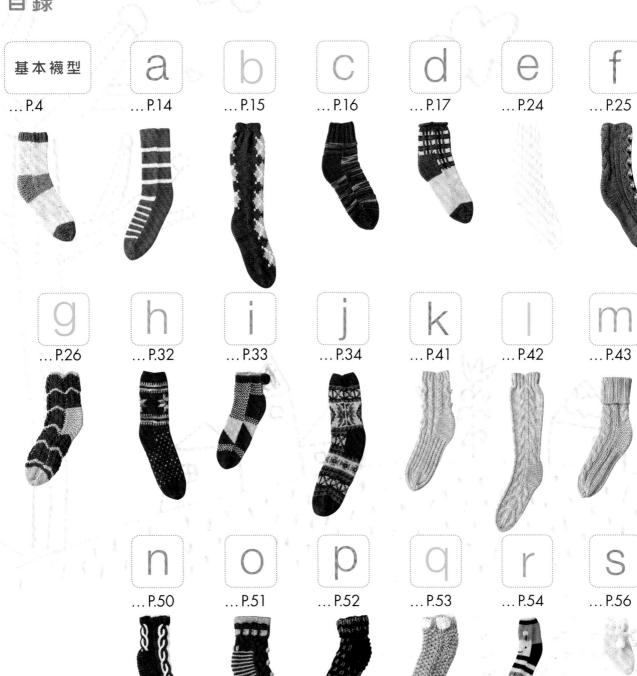

基本襪型

本書刊載的所有襪款，基本上全都是以相同作法製作。

直直編織兩片平面的長方形織片，即使是以往復編等非立體織法製作，

但後片的腳跟部分藉由具伸縮性的起伏針，卻能完全服貼合腳。

「基本襪型」只運用了最簡單的平面針與起伏針來製作。

為了更易於辨識，分別以不同色線表示襪子的部位與針法，請先將織法牢牢記住吧！

織法頁→P.7
使用線材→Hamanaka Aran Tweed

創新直編襪的結構

首先編織前片，自襪口開始朝腳尖處織成長方形。後片也是以相同織法編織，但腳後跟是以起伏針編織前片相對區塊的兩倍段數。
接著對齊前、後片，縫合腳尖與兩側邊。腳後跟部分由於前後片段數不同，請仔細參閱織圖與分解步驟教學，再加以縫合。
只要以相同方法再各織1片，一雙襪子就完成了！

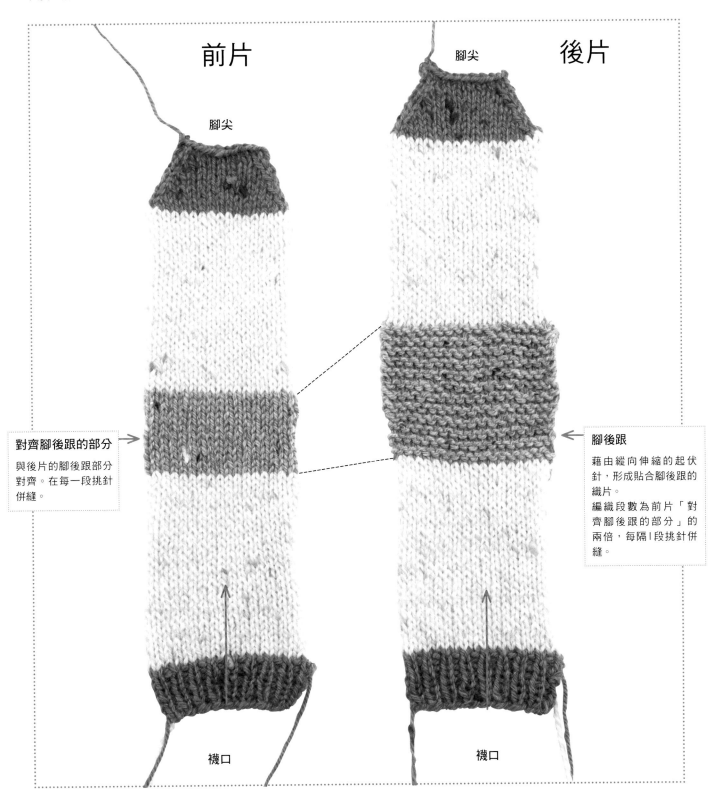

前片

腳尖

後片

腳尖

對齊腳後跟的部分
與後片的腳後跟部分
對齊。在每一段挑針
併縫。

腳後跟
藉由縱向伸縮的起伏
針，形成貼合腳後跟的
織片。
編織段數為前片「對
齊腳後跟的部分」的
兩倍，每隔1段挑針併
縫。

襪口

襪口

開始編織前

● 材料&工具

[毛線針]
使用於縫合織片、線端收尾或刺繡等。配合織線選擇縫針的粗細。

[織線]
初次編織的讀者，建議使用合太或並太的平直線材。若織線太粗，襪子兩側的縫份處會出現厚度。選擇加入壓克力等化學纖維，較耐磨的混紡線也不錯。毛海等芯線太細又柔軟的毛線則不太適合。

[針]
使用兩支單頭棒針。針號粗細請見各作品作法說明。本書作品主要使用5至8號棒針。為了配合指定的密度，可依個人實際需求調整。

[其他]
手工藝剪刀、捲尺、輪針（視作品需求）。

● 針目的名稱&計算方式

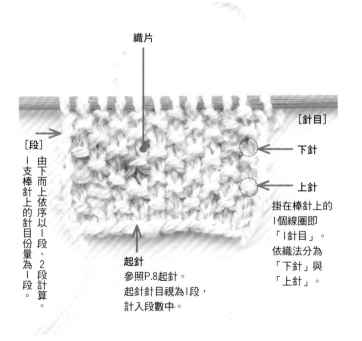

織片

[針目]

[段]
由下而上依序以一段、2段計算。
一支棒針上的針目份量為一段。

下針

上針
掛在棒針上的1個線圈即「1針目」。依織法分為「下針」與「上針」。

起針
參照P.8起針。起針針目視為1段，計入段數中。

● 密度

密度是完成織品指定尺寸的針目規格基準，因此測量「密度」非常重要。以本書指定棒針針號，依織圖編織指定段數後測量長度與寬度。若大致相同就可繼續進行。若尺寸不合，請依下列方式調整。

比指定規格大
表示針目較鬆，要織得稍緊一些，若密度還是不合，就要改換細1、2號的棒針。

比指定規格小
表示針目太緊，要織得再鬆一些，若密度還是不合，就要改換粗1、2號的棒針。

範例：18針、23.5段＝10cm正方形

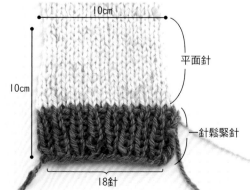

10cm

10cm

平面針

一針鬆緊針

18針

注意！ 如果密度有誤，完成的襪子可能會過大而鬆垮，或緊得穿不下。請務必測量密度使尺寸一致喔！

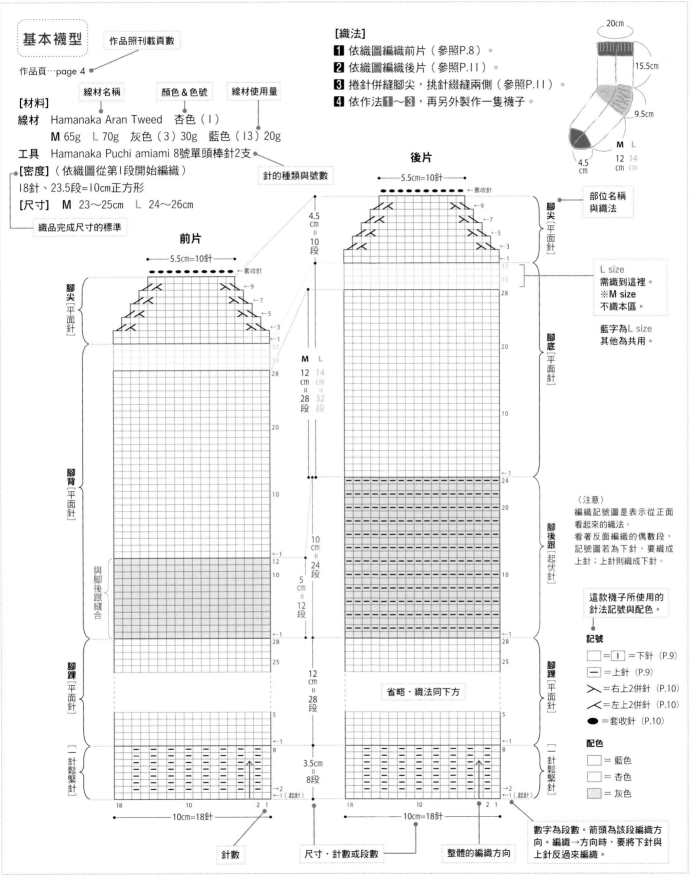

基本襪型

作品照刊載頁數

作品頁…page 4

[織法]
1 依織圖編織前片（參照P.8）。
2 依織圖編織後片（參照P.11）。
3 捲針併縫腳尖，挑針綴縫兩側（參照P.11）。
4 依作法1～3，再另外製作一隻襪子。

[材料]
線材名稱　顏色&色號　線材使用量
線材　Hamanaka Aran Tweed　杏色（1）
　　　M 65g　L 70g　灰色（3）30g　藍色（13）20g
工具　Hamanaka Puchi amiami 8號單頭棒針2支
針的種類與號數

[密度]（依織圖從第1段開始編織）
18針、23.5段=10cm正方形

[尺寸]　M 23～25cm　L 24～26cm

織品完成尺寸的標準

後片

前片

部位名稱與織法

L size
需織到這裡。
※M size
不織本區。

藍字為L size
其他為共用。

〈注意〉
編織記號圖是表示從正面看起來的織法。
看著反面編織的偶數段，記號圖若為下針，要織成上針；上針則織成下針。

這款襪子所使用的針法記號與配色。

記號
□=|=下針（P.9）
—=上針（P.9）
入=右上2併針（P.10）
ʌ=左上2併針（P.10）
●=套收針（P.10）

配色
□=藍色
□=杏色
▨=灰色

省略・織法同下方

數字為段數。箭頭為該段編織方向。編織→方向時，要將下針與上針反過來編織。

針數

尺寸・針數或段數

整體的編織方向

7

一起來編織基本襪型吧！

1 編織前片

起針

1 （第1段）線頭預留約40cm，開始作起針針目。扭轉織線作成線圈。

2 手指穿入線圈，拉出線球端的織線。

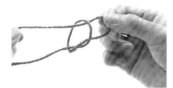

3 拉出織線的模樣。

4 取一支棒針穿入線圈後，右手拿著棒針，左手拉緊織線。此為第1針。

5 將線頭端置於內側，以左手將線撐開。

6 左手掛線，一邊張開手指，一邊拉線。

7 左手手指朝上，右棒針依箭頭指示，由下往上挑起拇指前側的織線（●）。

8 右棒針接著依箭頭指示，由上往下鉤出食指前側的織線（▲）。

9 鉤出織線的模樣。

10 棒針轉回上方。

11 左手拇指鬆開織線。

12 張開左手拇指與食指，將織線拉開，收緊針目。

13 重複步驟7～12，作出指定的起針針數。

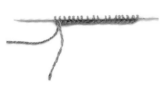

14 起針18針的模樣。第1段完成。

15 右手拿著棒針，線球端的織線如圖夾在左手無名指與小指之間。

16 手掌朝下，織線如圖掛在食指上，並且改以左手拿著棒針。

8

基本的棒針拿法

上針 一

17 右手拿著另一支棒針。

18 （第2段）偶數段是看著背面，編織與記號圖相反的上、下針目。將線球端的線置於棒針內側，右棒針依箭頭方向入針。

19 棒針掛線，鉤出織線。

20 鉤出織線的模樣。

下針 I

21 左棒針滑出針目。

22 再織一針上針後，下一針依箭頭方向入針。

23 入針的模樣。

24 棒針掛線，自線圈中鉤出織線。

25 鉤出織線的模樣。

26 左棒針滑出針目。

27 重複交替編織上針與下針。

28 織好1段18針的模樣。將棒針依圖示方向翻面。

29 （第3段）奇數段為看著正面編織。

30 第3段織好的模樣。與下方段的相同針目並列。

31 （第4段）偶數段為看著背面編織。

32 織到第8段為止的模樣。

接下頁。 9

33 （第9段）換線。右手拿著新線的線頭，左手掛線編織。

34 編織邊端針目的下針。

35 完成3針下針的模樣。鬆開線頭後繼續編織。

36 以下針織好1段奇數段的模樣。

平面針

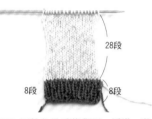
37 偶數段是看著背面，編織一段上針；奇數段是看著正面，編織一段下針。以此方式重複編織28段。

28段
8段 8段

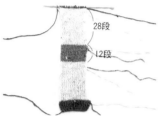
38 換灰色線編織12段，再換回杏色線編織28段（L則為32段）。最後再換成藍色線。

28段
12段

右上2併針 ⟋

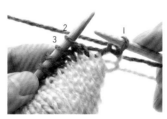
39 腳尖的第3段要減針。先織1針邊端針目。

2
3

40 第2針不織，直接移至右棒針上，編織第3針。

3
2
1

41 以左棒針挑起第2針，套在第3針上。

左上2併針 ⟍

42 完成右上2併針。接著繼續編織。

43 編織至左上2併針的前1針。右棒針依箭頭方向，一次穿入2針目。

44 棒針掛線。

套收針 ●

45 從2針中鉤出織線。

46 編織邊端針目。

47 一邊編織，一邊在奇數段減針。

48 邊端2針織下針。

49 以左棒針挑起第1針，套在第2針上。

50 套收1針的模樣。接著繼續作套收針。

51 完成11針套收針的模樣。

52 預留30cm的線長後剪斷，穿過最後的針目中。

② 編織後片
起伏針

53 拉緊織線。

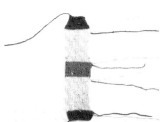

54 前片完成的模樣。

55 後片織法從1～37皆與前片相同。

56 換灰色織線，編織24段的起伏針。起伏針就是所有織段都織下針。

57 織好2段起伏針的模樣。

58 織好6段的模樣。

59 織好24段的模樣。接下來的編織方式同前片對齊腳後跟部分的上方，編織到腳尖處為止。

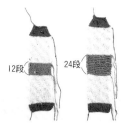

60 分別織好的前片與後片。後片的腳後跟段數是前片的兩倍。

③ 捲針併縫腳尖，挑針綴縫兩側。

捲針併縫 ※為了更清晰易懂，此處使用不同色線示範。

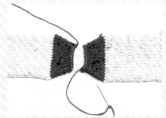

61 將前後片腳尖對齊（正面），將後片的預留線穿入縫針。

62 第1針在套收針的邊端針目，一對一挑針。

63 第2針也以相同方式入針。

64 縫線拉至前後片剛好貼合的程度即可，不要拉得太緊。繼續挑針，捲針併縫至另一端。

接下頁。

65 捲針併縫至另一端的模樣。

66 接著將前後片側邊對齊，兩側是看著正面進行縫合。

挑針綴縫 ※為了更清晰易懂，此處使用不同色線示範。

67 起針處預留的線段穿針，毛線針從前片背面穿入起針段邊端針目。

68 如圖示，以相同方式在後片的起針段邊端針目挑針。

69 接著由下往上，挑前片邊端針目與相鄰針目之間的織線。

70 後片同樣挑針目之間的織線。

71 重複在兩邊挑針8段的模樣。

72 輕輕拉緊至看不見縫線的程度。

73 平面針也是一樣，挑邊端針目與相鄰針目之間的織線。

74 挑數針縫合後再拉線，重複此作法綴縫至腳後跟之前的針目。

挑針綴縫 （腳後跟） ※為了更清晰易懂，此處使用不同色線示範。

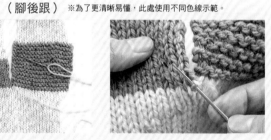

75 腳後跟的部分是以1：2的比例，縫合前片的12段與後片的24段。

76 前片的挑針法和先前相同，都是由下而上挑邊端針目與相鄰針目之間的織線。

77 後片的起伏針，則是挑上針段的邊端針目。

78 繼續在前片挑下一段針目之間的織線。

79 後片同樣挑下一個上針段的邊端針目。之後也同樣跳過中間的下針段，隔段挑針縫合。

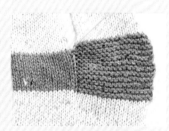

80 縫合腳後跟部分的模樣。

81 縫線拉緊後的模樣。腳後跟段數多的部分呈現隆起狀。接著，繼續挑平面針進行綴縫。

82 傾斜的腳尖部分也是依相同要領，挑針目之間的織線綴縫。

83 最後將縫針穿進背面，將縫線收至內側。

84 另一側也是以相同方式挑針綴縫。

收針藏線

85 全部縫合完成的模樣。線頭皆收進內側。

86 將襪子翻至背面，準備藏線。將同色的線頭打結固定。

87 2條線一起穿入縫針後，再藏於同色的針目裡。

88 剪去多餘線段。其他線頭與另一隻襪子，也都依相同要領處理。

● 經常使用的花樣名稱與織法

棒針編織光是下針與上針的排列組合，就可以織出各種不同的花樣。
其中包括在「基本襪型」中出現的一針鬆緊針、平面針、起伏針，以及此處介紹的兩種，這些都是很基礎的織法，請務必熟記！

二針鬆緊針

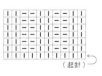

（起針）

1 第2段。編織2針上針。

2 編織2針下針。

3 編織2針上針。對齊前段針目，交替編織2針下針與2針上針。

4 二針鬆緊針的花樣織片。

桂花針

（起針）

1 第3段。交替編織1針下針與1針上針。

2 第4段。前段為下針時，織上針；若為上針，就織下針。

3 桂花針的花樣織片。

a

以細線編織的橫條紋中統襪。
襪口內側呈現不同顏色，
從正面隱約可見為其重點。
由於橫條紋在併縫時可協助對齊，
因此十分推薦初學者作為嘗試的練習作品。
以不易磨損的襪子專用線材來編織。

織法頁→P.20
使用線材→Hamanaka Korpokkur

b

以灰色為底，穩重成熟又獨具魅力風格的菱格紋長襪。
菱形為織入圖案，但白色線條其實是由上往下刺繡而成，
因此作法比看起來的還要簡單。
由於襪口穿入了細鬆緊帶，所以不易鬆脫。

織法頁→P.19
使用線材→Hamanaka Exceed Wool L〈並太〉

C

輕便型的短襪。
使用兩種顏色的段染線材編織，
直接編織即可作出繽紛多彩的漸層色調。
襪口飾以加長的羅紋，營造出服貼的印象。
搭配內搭褲等，就是適合戶外活動的穿搭風格。

織法頁→P.22
使用線材→Hamanaka Korpokkur
　　　　　Hamanaka Korpokkur〈段染〉

d

傳統風格的線條格紋襪。
完成編織的橫紋襪，
再縱向繡出平面針的模樣，
立刻就營造出紳士襪的氛圍。
更換配色就能輕易讓風格為之一變，
不妨多試試其他配色組合吧！

織法頁→P.23
使用線材→Hamanaka Exceed Wool L〈並太〉

Technique Guide

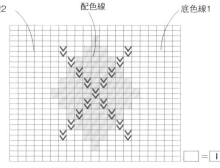

底色線2　　　　　配色線　　　　　底色線1

∨ ＝平面針刺繡
※為了更清晰易懂，此處以不同色示範底色線2。

□＝Ⅰ

不需在背面渡線的織入圖案法

基本上全部皆以平面針編織，對初學者而言也是簡單的織入圖案。
若花樣面積較大時，即使底色只有一色，也要準備兩球來分區塊編織。如此一來，
就不必在花樣背面渡線。在圖案邊端讓底色線與配色線交叉，是關鍵所在。

1　使用底色線Ⅰ織到圖案部分。換配色線織Ⅰ針。

2　織好圖案的Ⅰ針後，以另外準備的Ⅰ球底色線2來編織，圖案左側都是以底色線2來編織。

3　織好Ⅰ段的模樣。

4　下一段（偶數段）。看著背面編織，換成配色線的時候，如圖作Ⅰ次交叉。

5　由配色線換回底色線Ⅰ的時候，同樣也作Ⅰ次交叉。

6　以底色線Ⅰ繼續編織。

7　下一段（奇數段）。看著正面編織。換線時，同樣作Ⅰ次交叉。

8　織到邊緣的模樣。

9　背面的樣子。

10　織好Ⅰ個圖案的模樣。

11　背面的樣子。織線朝下一段縱向渡線。

12　實際的模樣。

平面針刺繡　∨

以毛線針沿著下針刺繡，作出圖案。

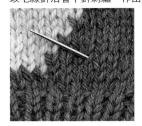

1　在指定位置下方的針目，從背面入針，在正面出針。

2　如圖挑指定位置上方的針目。

3　由下而上挑起指定位置針目下方的橫線，拉線。

4　繡下一針。挑指定位置上方的針目。

5　繼續進行刺繡的模樣。

作品頁…page 15

[材料]

線材　Hamanaka Exceed Wool L〈並太〉

灰色（328）130g　杏色（303）30g　白色（301）10g

其他　直徑1mm的鬆緊帶 30cm×2條

工具　Hamanaka Puchi amiami 8號單頭棒針2支

[密度]（依織圖從第1段開始編織）

27針＝14cm　26段＝10cm

[尺寸]

23～25cm

[織法]

1 依織圖編織前片（參照P.8）。

2 依織圖編織後片（參照P.11）。

3 繡上平面針刺繡（參照P.18）。

4 捲針併縫腳尖，挑針綴縫兩側
（參照P.11）。

5 依作法1～4，再另外製作一隻襪子。

6 依圖示在指定處穿入鬆緊帶。

穿入鬆緊帶後，
調整好尺寸
再打結剪斷。

（背面）

28cm

31.5cm

9.5cm

12cm

4.5cm

前片

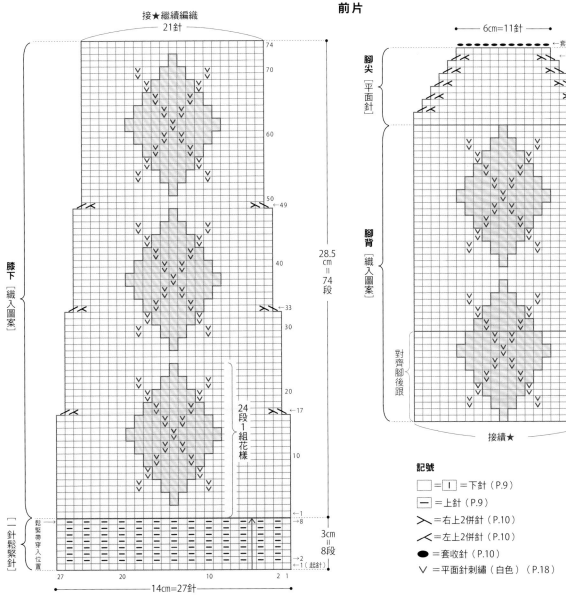

記號

□＝|＝下針（P.9）

—＝上針（P.9）

＞＝右上2併針（P.10）

＜＝左上2併針（P.10）

●＝套收針（P.10）

∨＝平面針刺繡（白色）（P.18）

配色

□ 灰色

▨ 杏色

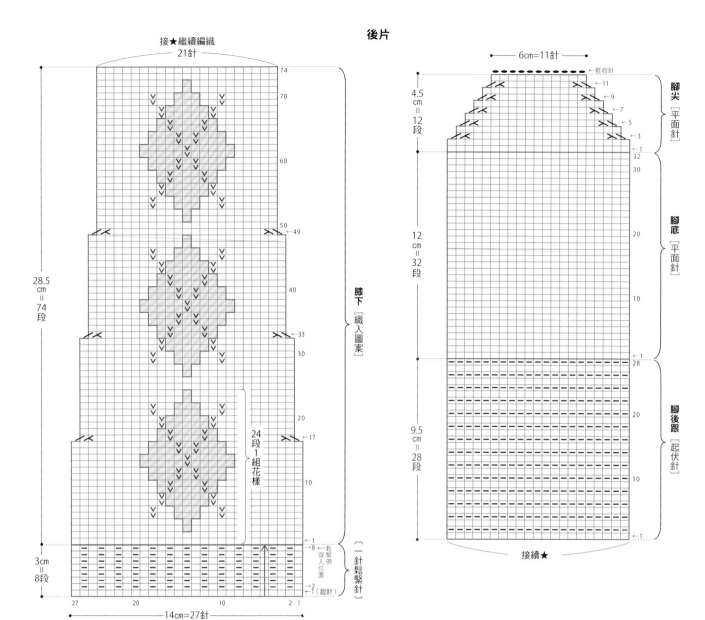

後片

接★繼續編織
21針

接續★

作品頁…page 14

[材料]

線材　Hamanaka Korpokkur

M　粉紅色（19）45g　灰色（14）25g
　　白色（1）10g

L　淺灰色（3）50g　藏青色（17）30g

工具　Hamanaka Puchi amiami 5號單頭棒針2支

[密度]（依織圖從第1段開始編織）

26針、30段＝10cm正方形

[尺寸]

M 23～25cm　L 24～26cm

[織法]

1 依織圖編織前片
　（參照P.8）。

2 依織圖編織後片
　（參照P.11）。

3 捲針併縫腳尖，挑針綴縫兩側
　（參照P.11）。

4 將襪口反摺，捲針縫固定。

5 依作法1～4，再另外製作一隻襪子。

摺山

6.5cm

（背面）

在背面捲針縫合

20cm

19.5cm

9.5cm

M　L

12　14
cm　cm

4.5
cm

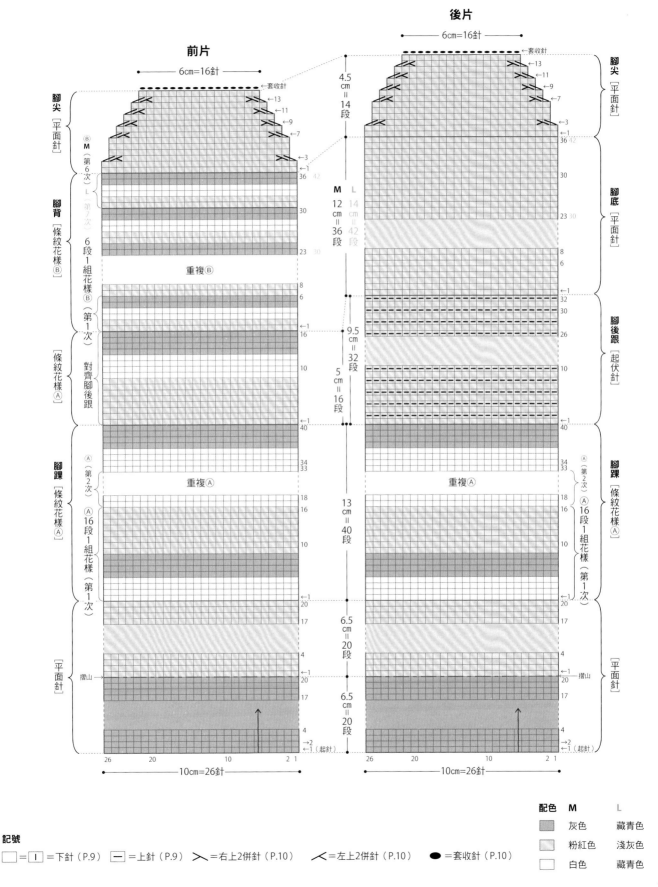

前片

6cm=16針

←套收針

脚尖 [平面針]

B (第6次) M
L (第7次)

6段1組花樣 B (第1次)

脚背 [條紋花樣 B]

條紋花樣 A

對齊脚後跟

重複 B

重複 A

A (第2次)

A 16段1組花樣 (第1次)

脚踝 [條紋花樣 A]

平面針

摺山→

←13
←11
←9
←7
←3
←1
36 42
30
23 30
8
6
16
10
←1
40
34
33
18
16
10
←1
20
17
4
←1
20
17
4
→2
←1 (起針)

26   20   10   2 1

10cm=26針

後片

6cm=16針

←套收針

脚尖 [平面針]

脚底 [平面針]

脚後跟 [起伏針]

A (第2次)
A 16段1組花樣 (第1次)

脚踝 [條紋花樣 A]

平面針

重複 A

←13
←11
←9
←7
←3
←1
36 42
30
23 30
8
6
←1
32
30
26
10
←1
40
34
33
18
16
10
←1
20
17
4
←1
20
摺山
17
4
→2
←1 (起針)

26   20   10   2 1

10cm=26針

4.5cm=14段

M 12cm=36段
L 14cm=42段

9.5cm=32段

5cm=16段

13cm=40段

6.5cm=20段

6.5cm=20段

記號

□=|=下針 (P.9)   —=上針 (P.9)   ✖=右上2併針 (P.10)   ✖=左上2併針 (P.10)   ●=套收針 (P.10)

配色   M   L
灰色   藏青色
粉紅色   淺灰色
白色   藏青色

21

C

作品頁…page16

【材料】

線材　Hamanaka Korpokkur

M　橘色（6）25g　Hamanaka Korpokkur〈段染〉藍色系（102）20g、紅色系（105）20g

L　綠色（13）30g　Hamanaka Korpokkur〈段染〉綠色系（104）20g、藍紫色系（106）20g

工具　Hamanaka Puchi amiami 5號單頭棒針2支

【密度】（依織圖從第1段開始編織）

26針、31段＝10cm正方形

[尺寸]

M　23～25cm　L　24～26cm

【織法】

1 依織圖編織前片（參照P.8）。

2 依織圖編織後片（參照P.11）。

3 捲針併縫腳尖，挑針綴縫兩側（參照P.11）。

4 依作法**1**～**3**，再另外製作一隻襪子。

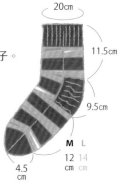

20cm

11.5cm

9.5cm

M L

12 14
cm cm

4.5
cm

前片　　　　後片

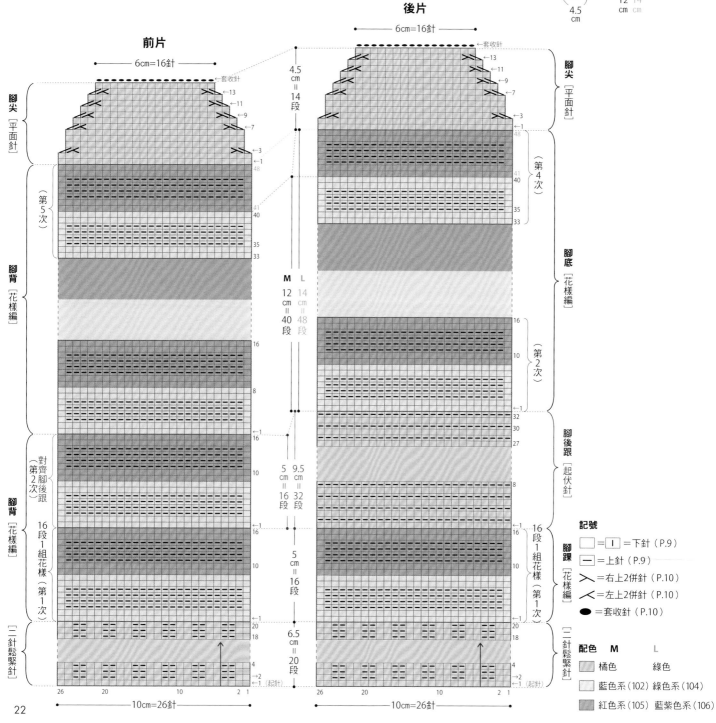

記號

＝ ＝下針（P.9）

＝上針（P.9）

＝右上2併針（P.10）

＝左上2併針（P.10）

＝套收針（P.10）

配色　　　M　　　　　L

橘色　　　　綠色

藍色系（102）綠色系（104）

紅色系（105）藍紫色系（106）

作品頁…page 17

[材料]
線材　Hamanaka Exceed Wool L〈並太〉
灰色（328）50g　水藍色（322）40g　胭脂紅
（310）15g
工具　Hamanaka Puchi amiami 8號單頭棒針2支
[密度]（依織圖從第1段開始編織）
21針=11cm　26段=10cm
[尺寸]
23～25cm

[織法]
1 依織圖編織前片（參照P.8）。
2 依織圖編織後片（參照P.11）。
3 繡上平面針刺繡（參照P.18）
4 捲針併縫腳尖，挑針綴縫兩側
　（參照P.11）
5 依作法1～4，再另外製作
　一隻襪子。

襪口會
翻捲成圓邊

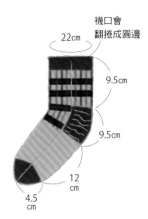

22cm
9.5cm
9.5cm
12cm
4.5cm

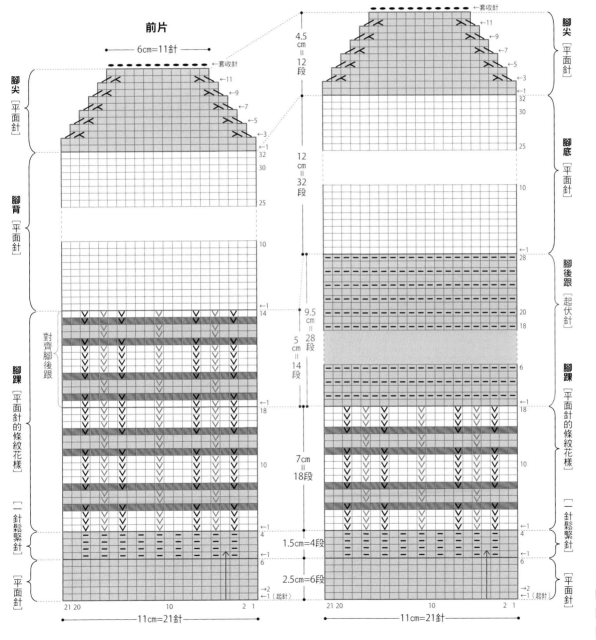

前片

後片

記號
　□=│=下針（P.9）　－=上針（P.9）　✕=右上2併針（P.10）　✕=左上2併針（P.10）　●=套收針（P.10）　∨ ∨=平面針刺繡（P.18）

配色
灰色
水藍色
胭脂紅
∨　胭脂紅
∨　灰色

23

穿上後更襯托出纖細鏤空花樣的白襪。
僅以「掛針」與「2併針」的簡單針法組合
即可編織出這款花樣。
搭配經典的連身洋裝或外套，
肯定非常適合！

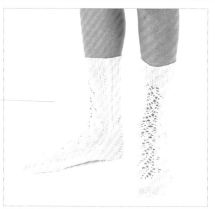

織法頁→P.29
使用線材→Hamanaka Korpokkur

f

在鏤空花樣為底的襪子加上小花刺繡，
組合出羅曼蒂克的風情。
鏤空針織的本體給人輕軟棉柔的印象。
灰色款用色簡單，更顯質感。
杏色款則以甜蜜色調呈現懷舊風格。

織法頁→P.30
使用線材→Hamanaka Korpokkur

使用粗線，刻意作出鬆鬆的粗針織暖暖襪。
由於針數較少，所以一眨眼的工夫就可以織好。
使用鏤空的針法編織，織片會出現自然的波浪狀，
並且呈現出條紋的模樣。
襪口即使不額外編織緣編，
也會形成扇形般的輪廓。

織法頁→P.28
使用線材→Hamanaka Men's Club Master

Technique Guide

鏤空編織

只要將「掛針」與「2併針」或「3併針」等的減針針法組合在一起，即可織出鏤空花樣。
鏤空花樣不但看起來有質感，輕柔又富有女孩溫柔的印象。使用稍粗的織線則可織成較耐用的襪子。
掛針與減針之間的下針，即使在正常編織下也會自然的漸漸傾斜，稱為「寄針」，記號也是以斜線表示。

掛針 ○

1　織到掛針記號前的針目為止。

2　棒針掛線。

3　直接織下一針（掛線部分即為掛針，呈孔狀。但下一段仍當作1針來織）。

中上3併針

1　織到3併針前的針目為止，右棒針依箭頭指示穿入下2針。

2　將針目直接移至右棒針上的模樣。織下一針。

3　移動的2針套在織好的針目上。

4　完成中上3併針的模樣。

例：

1　織2針下針後，作掛針。

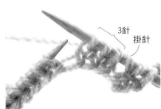

2　再織3針下針。

3　右棒針依箭頭指示直接穿入下2針。

4　一起編織2針。完成左上2併針的模樣。

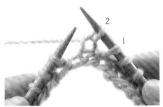

5　下2針同樣織2併針。將1針移到右棒針上，以下針編織第2針。

6　將第1針套在左針目上。

7　完成右上2併針的模樣。

8　織3針下針，接著織掛針與2併下針。

[材料]

線材　Hamanaka Men's Club Master

磚紅色（60）50g　杏色（18）45g

工具　Hamanaka Puchi amiami 10號單頭棒針2支

[密度]（依織圖從第1段開始編織）

17針、20段＝10cm

[尺寸]

23～25cm

[織法]

1 依織圖編織前片（參照P.8）。

2 依織圖編織後片（參照P.11）。

3 捲針併縫腳尖，挑針綴縫兩側（參照P.11）

4 依作法1～3，再另外製作一隻襪子。

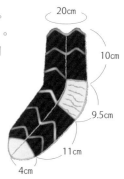

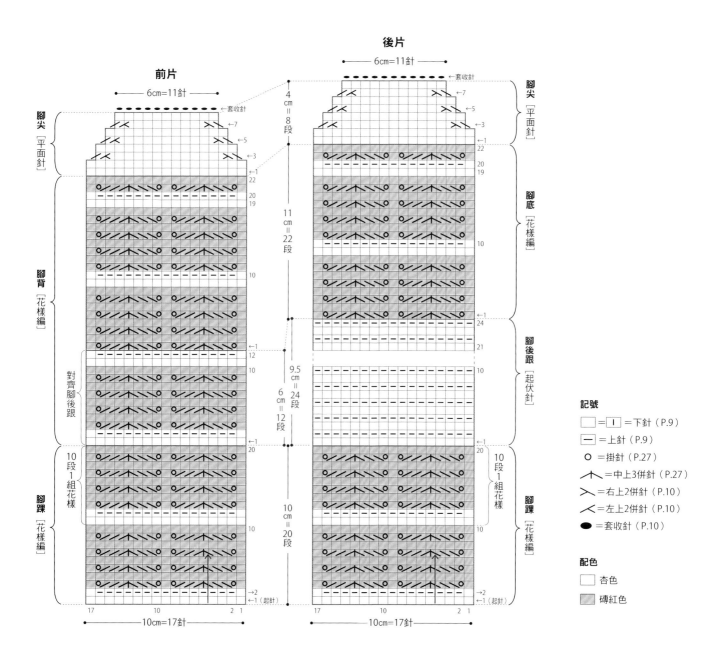

記號

□＝Ⅰ＝下針（P.9）

－＝上針（P.9）

○＝掛針（P.27）

↑＝中上3併針（P.27）

＞＝右上2併針（P.10）

＜＝左上2併針（P.10）

●＝套收針（P.10）

配色

□ 杏色

▨ 磚紅色

28

作品頁…page 24

[材料]
線材　Hamanaka Korpokkur　白色（1）70g
工具　Hamanaka Puchi amiami 5號單頭棒針2支
[密度]（依織圖從第1段開始編織）
26針、30段＝10cm正方形
[尺寸]
23～25cm

[織法]
❶ 依織圖編織前片（參照P.8）。
❷ 依織圖編織後片（參照P.11）。
❸ 捲針併縫腳尖，挑針綴縫兩側
　 （參照P.11）。
❹ 依作法❶～❸，再另外製作一隻襪子。

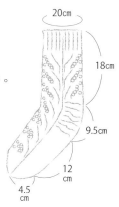

20cm
18cm
9.5cm
12cm
4.5cm

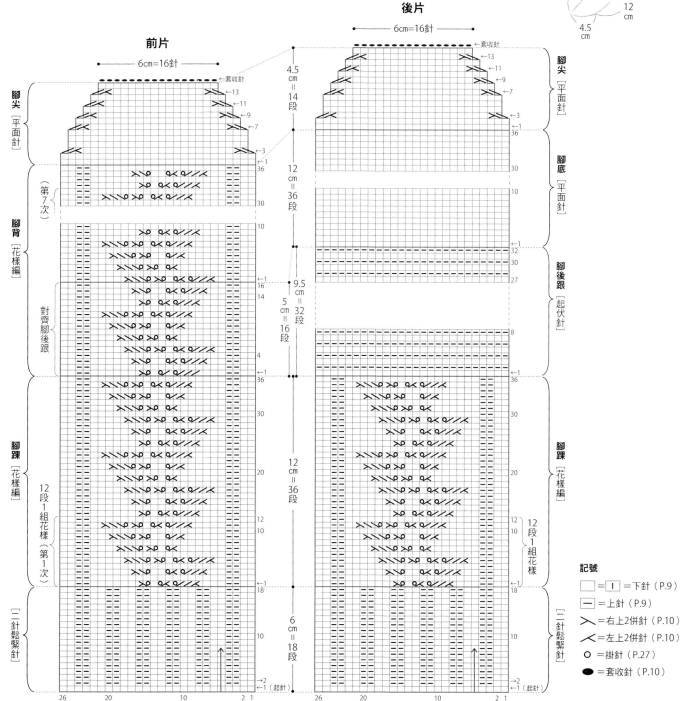

前片

後片

6cm=16針

6cm=16針

←套收針

←13
←11
←9
←7
←3
←1
36

腳尖［平面針］

腳背［花樣編］

（第7次）

對齊腳後跟

腳踝［花樣編］

12段1組花樣（第1次）

二針鬆緊針

←16
14

←1
30
10

←16
14

←1
36

30

20

12
10

←1
18

10

→2
→1（起針）

26　　20　　　10　　2 1
10cm=26針

腳尖［平面針］

腳底［平面針］

腳後跟［起伏針］

腳踝［花樣編］

12段1組花樣

二針鬆緊針

←13
←11
←9
←7
←3
←1
36

30

10

←1
32
30
27

8

←1
36

30

20

12
10

←1
18

10

→2
→1（起針）

26　　20　　　10　　2 1
10cm=26針

4.5cm=14段

12cm=36段

9.5cm=32段

5cm=16段

12cm=36段

6cm=18段

記號
□=｜=下針（P.9）
一=上針（P.9）
＞=右上2併針（P.10）
＜=左上2併針（P.10）
○=掛針（P.27）
●=套收針（P.10）

[材料]

線材 Hamanaka Korpokkur

〈杏色款〉杏色（2）70g 粉紅色（19）少量
　　　　　綠色（13）少量

〈灰色款〉灰色（14）70g 白色（1）少量 黑色（18）少量

工具 Hamanaka Puchi amiami 5號單頭棒針2支

[密度]（依織圖從第1段開始編織）

26針、30段＝10cm正方形

[尺寸]

23～25cm

[織法]

1 依織圖編織前片（參照P.8）。

2 依織圖編織後片（參照P.11）。

3 繡縫小花刺繡（參照P.31）。

4 捲針併縫腳尖，挑針綴縫兩側（參照P.11）。

5 依作法**1**～**4**，再另外製作一隻襪子。

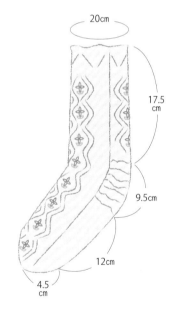

記號

☐ ＝ |I| ＝下針（P.9）

─ ＝上針（P.9）

O ＝掛針（P.27）

╲ ＝右上2併針（P.10）

╱ ＝左上2併針（P.10）

● ＝套收針（P.10）

◊ ＝雛菊繡（P.31）

前片

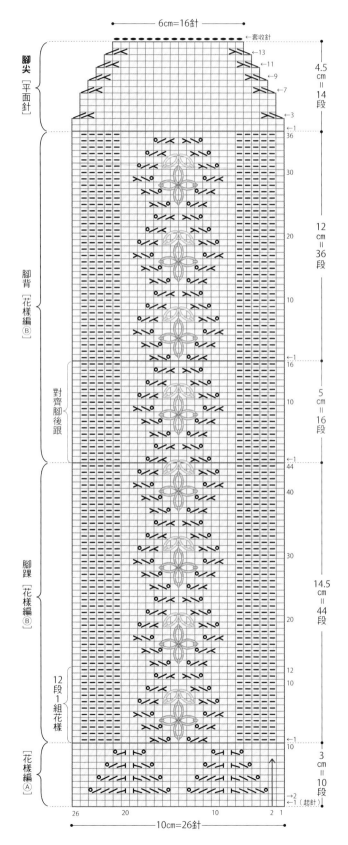

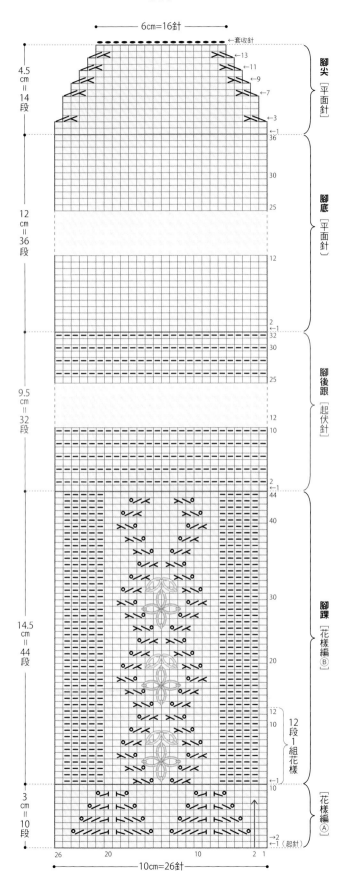

後片

6cm=16針

套收針

←13
←11
←9
←7
←3
←1
36

4.5 cm = 14 段 | 腳尖 [平面針]

30
25

12 cm = 36 段 | 腳底 [平面針]

12

2
←1
32
30
25

12

9.5 cm = 32 段 | 腳後跟 [起伏針]

2
←1
44

40

30

20

12
10

14.5 cm = 44 段 | 腳踝 [花樣編 Ⓑ]

12段1組花樣

←1
10

3 cm = 10 段 | [花樣編 Ⓐ]

→2
→1（起針）

26　20　10　2 1

10cm=26針

刺繡　原寸圖案
雛菊繡（取1股線）

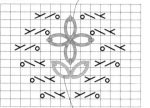

襪口側　〈杏色款〉粉紅色　〈灰色款〉白色

腳尖側
〈杏色款〉綠色　〈灰色款〉黑色

Technique Guide

刺繡針法（雛菊繡）

將縫針穿入毛線，再於襪子織片上刺繡。

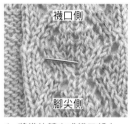

襪口側

腳尖側

1 將織片轉向成襪口朝上，縫針從背面的指定位置出針。背面的線頭要預留約20cm左右。

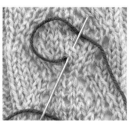

2 如圖在相同位置入針，在斜上方出針。這時毛線要繞到針的後方。

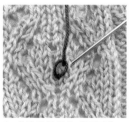

3 拉線將針目收成圓圈狀，貼著線圈外側入針。

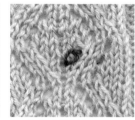

4 完成1針雛菊繡。

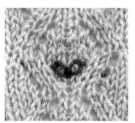

5 左右對稱繡上另1針，即完成葉片。

6 背面的線頭打結固定。

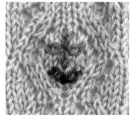

7 花朵部分也依相同要領刺繡。

31

在整雙襪子織入雪花圖案。
以傳統的雪花結晶為主要圖案，
下方點點宛如落下的雪花，彷彿繪本的世界般。
由於選用的配色線是多色段染線材，
因此直接編織就會自然衍生出多彩繽紛的效果。

織法頁→P.38
使用線材→Hamanaka Korpokkur・Hamanaka Korpokkur〈段染〉

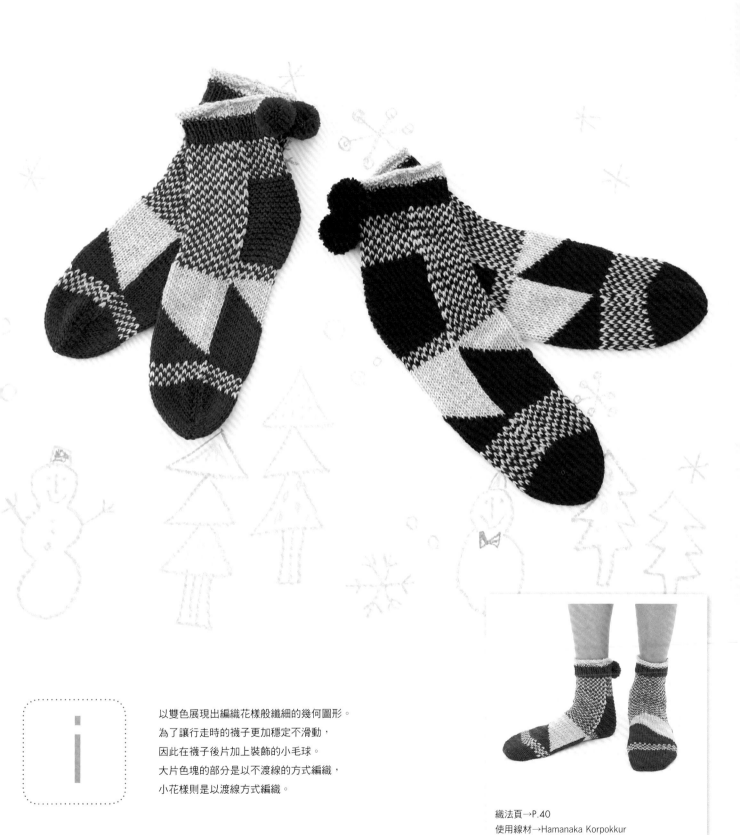

以雙色展現出編織花樣般纖細的幾何圖形。
為了讓行走時的襪子更加穩定不滑動，
因此在襪子後片加上裝飾的小毛球。
大片色塊的部分是以不渡線的方式編織，
小花樣則是以渡線方式編織。

織法頁→P.40
使用線材→Hamanaka Korpokkur

33

j

雖是傳統的緹花風格花樣，
由於在雅致的主色上添加了鮮明活潑的色彩，
因而轉變成色彩繽紛的休閒風格。
襪子背面會有很多渡線，拉線時請注意線材配置。
熟練織入圖案的織法後，再來挑戰看看吧！

織法頁→P.36
使用線材→Hamanaka Korpokkur

Technique Guide

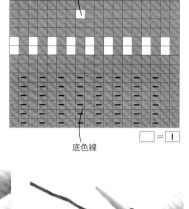

配色線

底色線

☐ = ☐

在背面渡線的織入圖案法

當底色線與織入圖案的配色線距離相近時,可直接在背面一邊交換色線,一邊進行編織。
這時只要決定好上側的渡線與下側的渡線,即可流暢地編織。
請注意避免讓織線歪斜或鬆脫!

織入圖案的配色線間隔較短時

1　右手持配色線,織1針。

2　織好1針的模樣。

3　配色線置於下方,將底色線提
　　至上方。

5　從下方提起配色線編織。以此
　　方式重複編織。

6　織到邊端的模樣。在邊端將底
　　色線與配色線作1次交叉。

7　下一段。以配色線織1針。

8　換手改持底色線,織下一針。

4　以底色線織1針。

9　織好的模樣。

背面

10　織到邊端,背面的渡線模樣。

織入圖案的配色線間隔在3cm以上時

1　編織數針後,將配色線與底色
　　線作1次交叉,再以底色線繼
　　續編織。

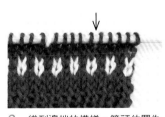

2　織到邊端的模樣。箭頭位置為
　　織線交叉處。

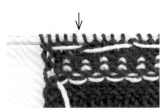

3　背面的模樣。雖是以底色線編
　　織針目,但針腳處與配色線作
　　了1次交叉,因此渡線不易鬆
　　脫。

35

作品頁…page 34

[材料]
線材　Hamanaka Korpokkur
M　紫色（9）50g　灰色（14）20g
　　藍色（11）20g　橘色（6）10g
L　焦茶色（16）50g　杏色（2）20g
　　黃綠色（12）20g　橘色（6）10g
工具　Hamanaka Puchi amiami 5號單頭棒針2支
[密度]（依織圖從第1段開始編織）
26針、31段＝10cm正方形
[尺寸]
M　23〜25cm　L　24〜26cm

[織法]
1 依織圖編織前片（參照P.8）。
2 依織圖編織後片（參照P.11）。
3 捲針併縫腳尖，挑針綴縫兩側（參照P.11）。
4 依作法1〜3，再另外製作一隻襪子。

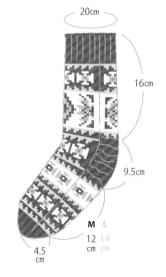

記號
□＝I＝下針（P.9）
─＝上針（P.9）
〉＝右上2併針（P.10）
〈＝左上2併針（P.10）
●＝套收針（P.10）

配色　M　　　L
（紫色）　紫色　　焦茶色
（藍色）　藍色　　黃綠色
（灰色）　灰色　　杏色
（橘色）　橘色　　橘色

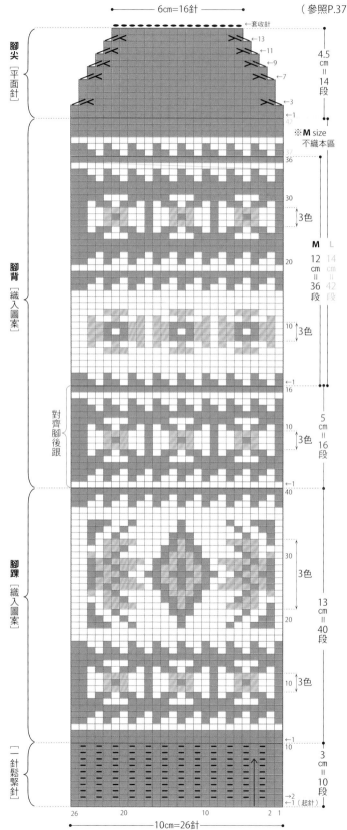

前片
※依配色以3種顏色編織圖案
（參照P.37）

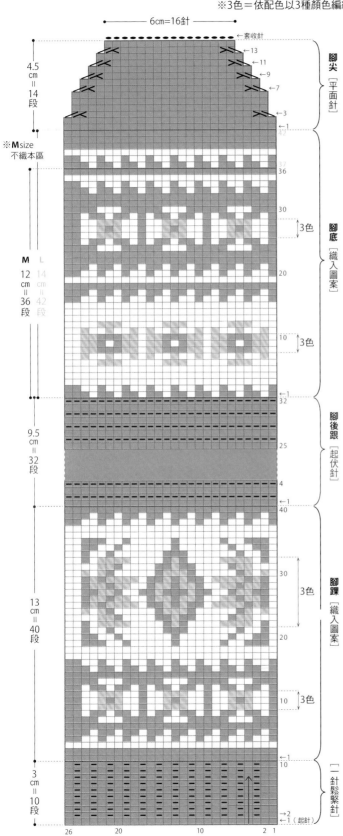

後片

※3色＝依配色以3種顏色編織圖案

6cm=16針

←套收針

←13
←11
←9
←7
←3
←1

4.5
cm
=
14
段

腳尖
[平面針]

※Msize
不織本區

37
36
30

3色

腳底
[織入圖案]

M   L
12   14
cm   cm
=   =
36   42
段   段

20

10   3色

←1
32

腳後跟
[起伏針]

9.5
cm
=
32
段

25

4
←1
40

13
cm
=
40
段

30

3色

20

腳踝
[織入圖案]

10   3色

←1
10

3
cm
=
10
段

→2
←1（起針）

[一針鬆緊針]

26   20   10   2 1

10cm=26針

Technique Guide

在1段中織入3色的圖案

這是在1段中出現3色的織入圖案時，
在背面渡線的方法，避免自線球中拉出的織線纏在一起，
順利進行編織是為重點。

1 編織第3色織線的模樣。

2 織好的模樣。

3 左手拿著接下來要編織的灰色線。這時要與其他兩色織線，在織片背面交叉。

4 以灰色線編織的模樣。

5 接下來改以左手拿著要編織的紫色線。依相同要領，事先在織片背面交叉。

作品頁…page 32

【材料】

線材　Hamanaka Korpokkur

M 紅色（7）70g　L 藏青色（17）70g

Hamanaka Korpokkur〈段染〉

M 淡紫色系（101）20g　L 黃藍色系（103）20g

工具　Hamanaka Puchi amiami 5號單頭棒針2支

【密度】（依織圖從第1段開始編織）

26針、30段＝10cm正方形

【尺寸】

M 23～25cm　L 24～26cm

【織法】

1 依織圖編織前片（參照P.8）。

2 依織圖編織後片（參照P.11）。

3 捲針併縫腳尖，挑針綴縫兩側（參照P.11）。

4 依作法1～3，再另外製作一隻襪子。

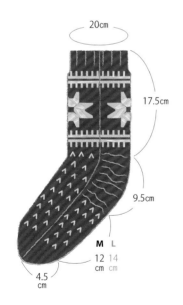

20cm

17.5cm

9.5cm

M 12cm　L 14cm

4.5cm

記號

□ = I = 下針（P.9）

－ = 上針（P.9）

＞ = 右上2併針（P.10）

＜ = 左上2併針（P.10）

● = 套收針（P.10）

配色	M	L
	紅色	藏青色
	淡紫色（101）	黃藍色（103）

前片

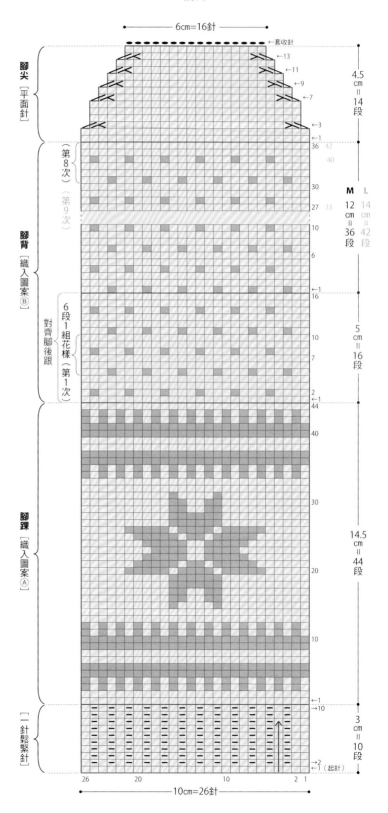

腳尖［平面針］

腳背［織入圖案Ⓑ］

腳踝［織入圖案Ⓐ］

一針鬆緊針

6cm＝16針

←套收針

←13

←11

←9

←7

←3

←1

4.5cm＝14段

（第8次）

（第9次）

12cm＝36段　14cm＝42段

M 12cm　L 14cm

5cm＝16段

對齊腳後跟

6段1組花樣（第1次）

14.5cm＝44段

3cm＝10段

10cm＝26針

後片

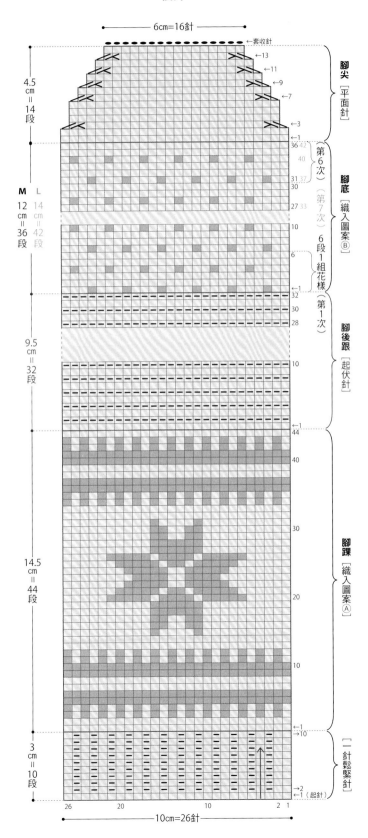

6cm=16針

←套收針

4.5
cm
=
14
段

腳尖
[平面針]

←13
←11
←9
←7
←3
←1

36 42
40
31 37
30
27 33

第6次

第7次

腳底
[織入圖案Ⓑ]

M L
12 14
cm cm
= =
36 42
段 段

10
6
←1

6段1組花樣

32
30
28

第1次

腳後跟
[起伏針]

9.5
cm
=
32
段

10

←1
44

40

30

14.5
cm
=
44
段

20

腳踝
[織入圖案Ⓐ]

10

←1
→10

3
cm
=
10
段

→2
←1(起針)

[一針鬆緊針]

26   20   10   2 1

10cm=26針

[材料]
線材　Hamanaka Korpokkur
M　紅色（7）40g　杏色（2）20g
L　黑色（18）45g　淺灰色（3）25g
工具　Hamanaka Puchi amiami 5號單頭棒針2支
Hamanaka 毛球編織器（H204-550）　直徑3.5cm
[密度]（依織圖從第1段開始編織）
26針＝10cm　24段＝7cm
[尺寸]
M 23～25cm　L 24～26cm

[織法]
1 依織圖編織前片（參照P.8）。
2 依織圖編織後片（參照P.11）。
3 捲針併縫腳尖，挑針綴縫兩側（參照P.12）。
4 製作毛球，接縫於襪子。
5 依作法**1**～**4**，再另外製作一隻襪子。

毛球
直徑3.5cm
以線接縫

使用直徑3.5cm的毛球編織器，**M**為紅色，**L**為黑色。
分別繞線100次後剪線，修齊。製作2顆。

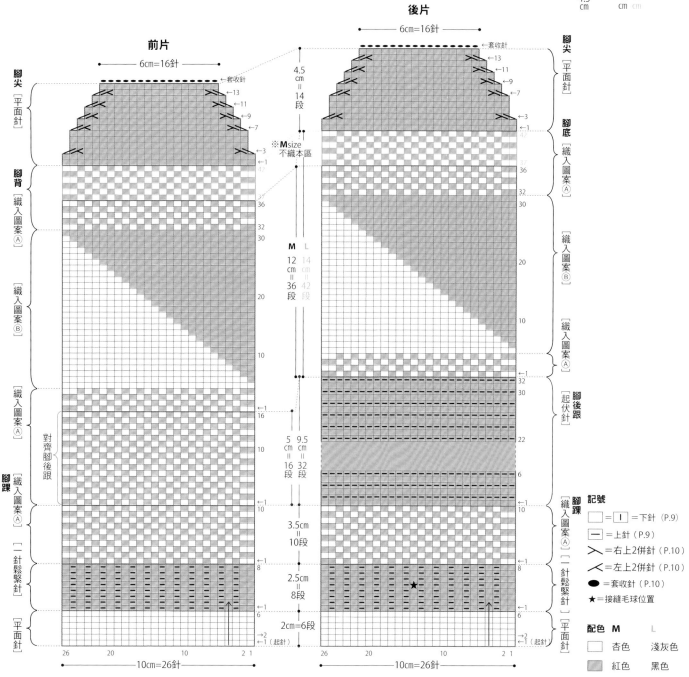

前片

後片

6cm=16針

套收針

記號
□=|=下針（P.9）
—=上針（P.9）
╱=右上2併針（P.10）
╲=左上2併針（P.10）
●=套收針（P.10）
★=接縫毛球位置

配色　M　　L
□　杏色　淺灰色
▨　紅色　黑色

k

洋溢著手織溫暖風情的艾倫風格花樣編。
由於選用細線編織,所以行走時織片的凹凸感並不明顯。
即使是需要編織技巧的正統花樣,
以直編襪的方式依然可以輕鬆完成。
仔細參閱織圖,試著挑戰看看吧!

織法頁→P.46
使用線材→Hamanaka Korpokkur

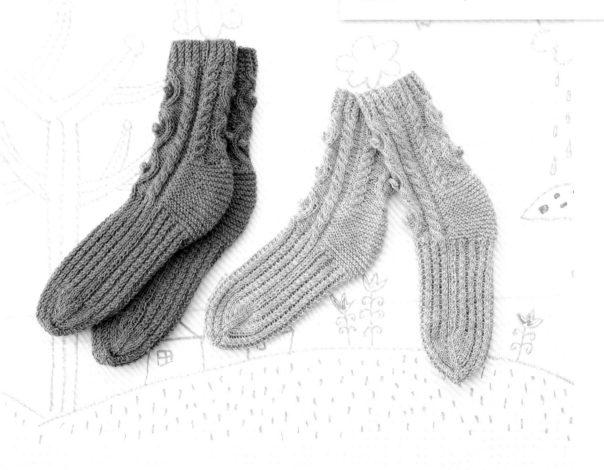

41

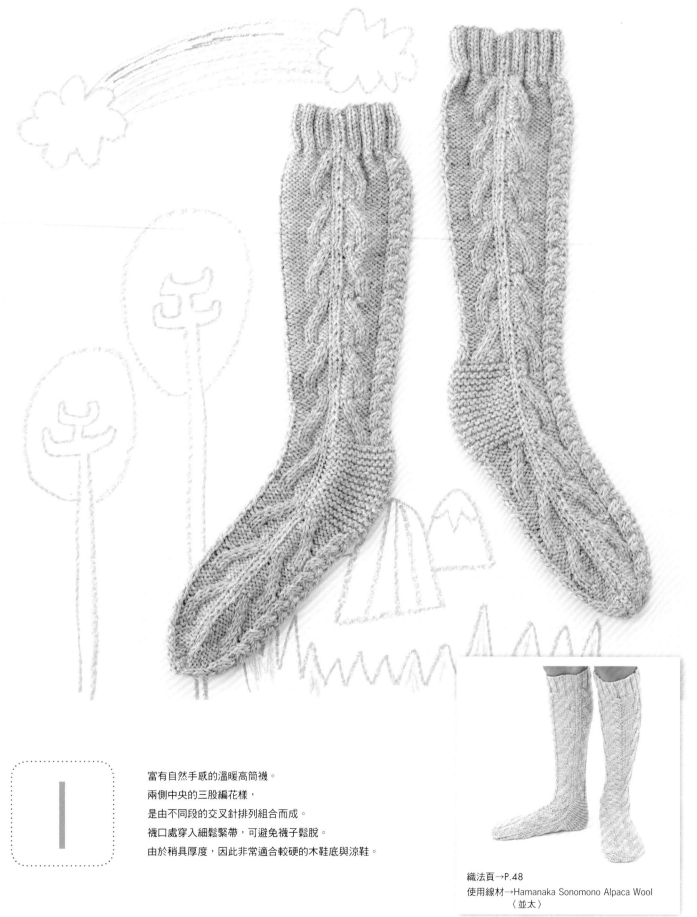

富有自然手感的溫暖高筒襪。

兩側中央的三股編花樣，

是由不同段的交叉針排列組合而成。

襪口處穿入細鬆緊帶，可避免襪子鬆脫。

由於稍具厚度，因此非常適合較硬的木鞋底與涼鞋。

織法頁→P.48
使用線材→Hamanaka Sonomono Alpaca Wool
〈並太〉

織法頁→P.45
使用線材→Hamanaka Men's Club Master

m

以較粗織線可迅速編織而成的襪子。
這種麻花花樣，其實是2針交叉的變化款，
只要記住交叉針的方法就會編織。
由於麻花編的針目十分規律，
段數也容易計算，因此是非常適合初學者編織的花樣。

Technique Guide

麻花編

只要將掛在棒針上的針目交叉編織，即可完成的簡單花樣。因為使用了專用的「麻花針」輔助，所以不易失敗。
富有手織氛圍又容易編織的麻花編，向來都是編織品的人氣花樣，再加上變化豐富，因此深受歡迎。

左上I針交叉

1 交叉針目為2針，將第I針移至麻花針上，置於織片後方。

2 第2針織下針。

3 左手改拿麻花針。

4 直接以移至麻花針上的第I針織下針。完成交叉針。

5 編織至下一段的模樣。

左上2針交叉

1 交叉針目為4針，將第I、2針移至麻花針上，置於織片後方。

2 第3、4針織下針。

3 左手改拿麻花針。

4 直接以移至麻花針上的第I、2針織下針。完成交叉針。

5 繼續編織的模樣。

右上2針交叉

1 交叉針目為4針，將第I、2針移至麻花針上，置於織片前方。

2 第3、4針織下針。

3 左手改拿麻花針。

4 直接以移至麻花針上的第I、2針織下針。完成交叉針。

5 繼續編織的模樣。

右上2針交叉（中央I針上針）　※使用2支麻花針。

    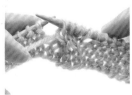

1 交叉針目為5針，將第I、2針移至麻花針上，置於織片前方。第3針移至另一支麻花針上，置於織片後方。

2 第4、5針織下針。

3 左手改拿置於織片後方的麻花針，織I針上針。

4 接著，左手改拿置於織片前方的麻花針。

5 直接以移至麻花針上的第I、2針織下針。

作品頁…page 43

[材料]

線材　Hamanaka Men's Club Master

M　粉紅色（55）140g　L　灰色（50）150g

工具　Hamanaka Puchi amiami 10號單頭棒針

2支　麻花針

[密度]（依織圖從第1段開始編織）

18針＝10cm　19段＝9.5cm

[尺寸]

M　23〜25cm　L　24〜26cm

[織法]

1　依織圖編織前片（參照P.8）。

2　依織圖編織後片（參照P.11）。

3　捲針併縫腳尖，挑針綴縫兩側
　　（參照P.11）。

4　依作法**1**〜**3**，再另外製作一隻襪子。

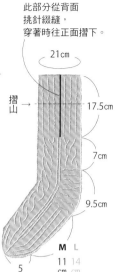

此部分從背面
挑針綴縫，
穿著時往正面摺下。

21cm

摺山→　17.5cm

7cm

9.5cm

M L

11 14
cm cm

5
cm

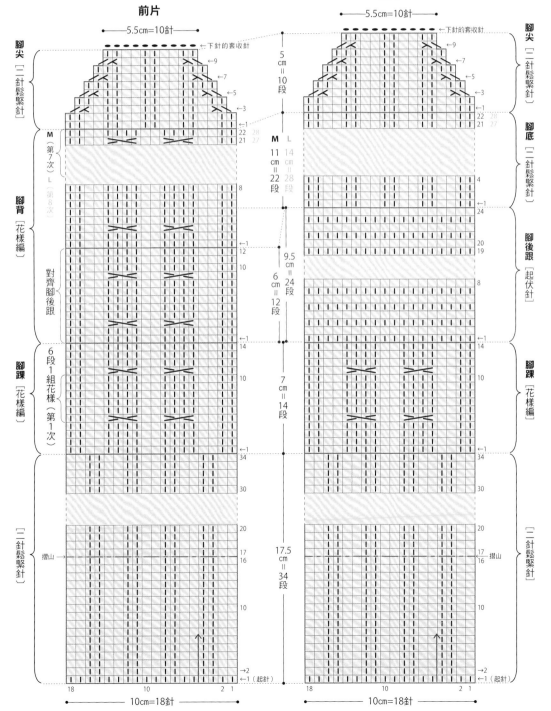

前片　　　　　後片

記號

| =下針（P.9）

□＝— =上針（P.9）

✕＝▓✕ =右上2針交叉（P.44）

✕＝▓✕ =左上2針交叉（P.44）

＞=右上2針併針（P.10）

＜=左上2針併針（P.10）

●=套收針（P.10）

作品頁…page 41

[材料]

線材　Hamanaka Korpokkur

M　杏色（2）70g　L　土耳其藍（20）75g

工具　Hamanaka Puchi amiami 5號單頭棒針2支

麻花針

[密度]（依織圖從第I段開始編織）

29針、30段＝10cm正方形

[尺寸]

M　23～25cm　L　24～26cm

[織法]

1 依織圖編織前片（參照P.8）。

2 依織圖編織後片（參照P.11）。

3 捲針併縫腳尖，挑針綴縫兩側

　　（參照P.11）。

4 依作法**1**～**3**，再另外製作一隻襪子。

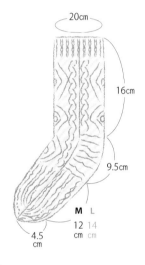

記號

Ｉ ＝下針（P.9）

□＝─＝上針（P.9）

✕ ＝左上1針交叉（P.44）

＝右上2針交叉（P.44）

＝左上2針交叉（P.44）

＝右上2針交叉（中央1針上針）（P.44）

＝1針上針×2針的左上交叉（P.49）

＝2針×1針上針的右上交叉（P.49）

■＝ ＝5針5段的爆米花針（P.47）

＝右上2併針（P.10）

＝左上2併針（P.10）

●＝套收針（P.10）

前片

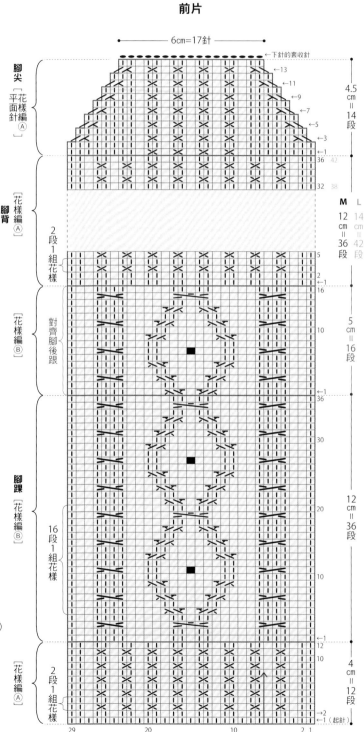

後片

6cm=17針

←下針的套收針

←13
←11
←9
←7
←5
←3
←1

4.5 cm = 14 段 [腳尖｜平面針編 A｜花樣]

36 42
32 38

[腳底｜花樣編 A]

M　L
12 cm = 36 段　14 cm = 42 段

2段1組花樣

5
2
32

25

9.5 cm = 32 段 [腳後跟｜起伏針]

10

←1
36

30

20
16段1組花樣
10

←1

12
10
4 cm = 12 段

2段1組花樣

[腳踝｜花樣編 B]

[花樣編 A]

2
←1（起針）

29　20　10　2 1

10cm=29針

Technique Guide

爆米花針（5針5段的織法）

完成後宛如毛球般，立體的小球織法。此處以棒針來編織。

1　第1針。雖然在編織爆米花針的位置織下針，卻不必將針目自左棒針取下。

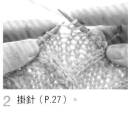

2　掛針（P.27）。

3　再織1針下針。

4　再織1針掛針與下針，共織5針。將針目自左棒針移至右棒針。

（背面）

5　第2段。將織片翻面，看著背面織5針上針。

（背面）

6　織好5針的模樣。第3、4段要一邊改變方向，一邊織這5針的平面針。

7　第5段。織片翻面，一邊看著正面，一邊將棒針依箭頭方向穿入3針。

8　將3針移至右棒針上，再依箭頭指示將棒針穿入剩餘的2針內，編織2併針（P.10）。

9　將移動的前3針一一套在前1針上，收成1針。

10　完成5針5段的爆米花針。

作品頁…page 42

[材料]
線材 Hamanaka Sonomono Alpaca Wool〈並太〉
米灰色（64）150g
其他 直徑1mm的鬆緊帶 30cm×2條
工具 Hamanaka Puchi amiami 6號單頭棒針2支
麻花針
[密度]（依織圖從第1段開始編織）
34針＝14cm 26段＝10cm
[尺寸]
23～25cm

[織法]
1 依織圖編織前片（參照P.8）。
2 依織圖編織後片（參照P.11）。
3 捲針併縫腳尖，挑針綴縫兩側
（參照P.11）。
4 依作法**1**～**3**，再另外製作一隻襪子。
5 穿入鬆緊帶。

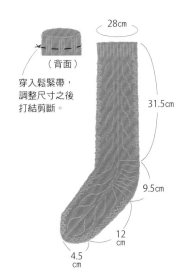

（背面）
28cm
穿入鬆緊帶，
調整尺寸之後
打結剪斷。
31.5cm
9.5cm
12cm
4.5cm

記號
□I□＝下針（P.9）
□＝□─□＝上針（P.9）
✕＝右上2針交叉（P.44）
✕＝左上2針交叉（P.44）
✕＝2針×1針上針的右上交叉（P.49）
✕＝2針×1針上針的左上交叉（P.49）
＞＝右上2併針（P.10）
＜＝左上2併針（P.10）
●＝套收針（P.10）

前片

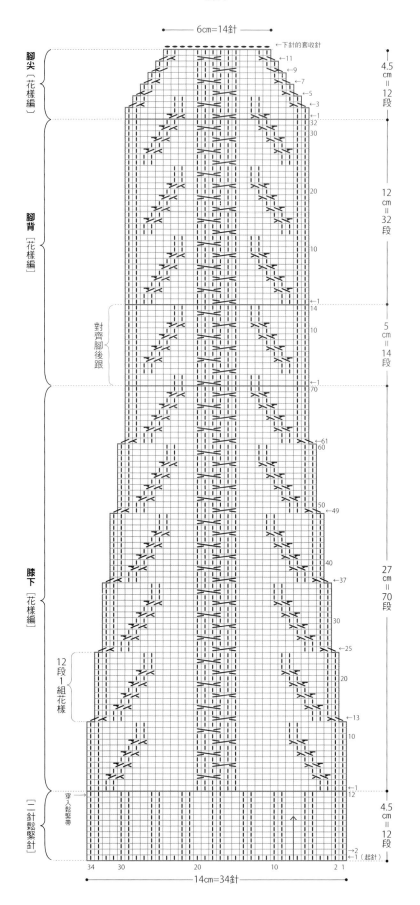

6cm=14針
←下針的套收針
腳尖〔花樣編〕
4.5cm=12段
←11
←9
←7
←5
←3
←1
32
30
腳背〔花樣編〕
12cm=32段
20
10
對齊腳後跟
←1
14
10
5cm=14段
←1
70
←61
60
←49
50
膝下〔花樣編〕
27cm=70段
40
←37
30
←25
20
12段1組花樣
←13
10
←1
12
穿入鬆緊帶
〔二針鬆緊針〕
4.5cm=12段
←2
←1（起針）
34 30 20 10 2 1 （起針）
14cm=34針

後片

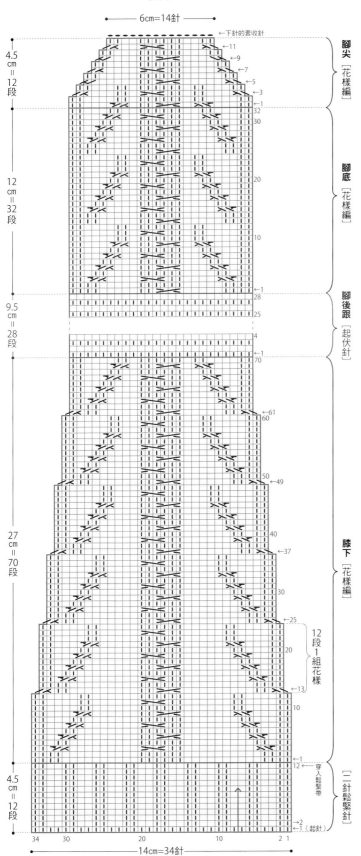

6cm=14針

←下針的套收針

4.5cm=12段 腳尖 [花樣編]
12cm=32段 腳底 [花樣編]
9.5cm=28段 腳後跟 [起伏針]
27cm=70段 膝下 [花樣編]
4.5cm=12段 [二針鬆緊針]

←11
←9
←7
←5
←3
←1
32
30
20
10
←1
28
25
4
←1
70
←61
60
←49
50
40
←37
30
←25
20
←13
10
←1
12 穿入鬆緊帶
→2
←1 (起針)

12段1組花樣

34 30 20 10 2 1
14cm=34針

Technique Guide

2針×1針上針的交叉

2針與1針的不對稱交叉編織。
這是愛爾蘭花樣中，經常使用的技法。

2針×1針上針的右上交叉

1 交叉針目為3針，將第1、2針移至麻花針上，置於織片前方。

2 第3針織上針。

3 直接以移至麻花針上的第1、2針織下針。

4 交叉針完成的模樣。

2針×1針上針的左上交叉

1 交叉針目為3針，將第1針移至麻花針上，置於織片後方。

2 第2、3針織下針。

3 直接以移至麻花針上的第1針織上針。

4 交叉針完成的模樣。

49

n

立體鮮明的繩紋花樣令人印象深刻。
雖然交叉織法與基礎技巧無異，
然而只是改以2色織線來編織交叉針目，
花樣就會變得如此立體。
以灰色為底的款式，呈現出成熟雅致的風格；
法式紅、白、藍三色的花樣，則營造出大膽的運動風。

織法頁→P.58
使用線材→Hamanaka Wanpaku Denis

五彩繽紛的爆米花針看起來宛如果實的可愛襪子。
中段只有爆米花針的部分改變顏色，
這時底色線會在爆米花針的背面渡線，
請一邊注意此部分的拉線狀況，一邊編織。
俏皮可愛的氛圍非常適合短裙或連身洋裝，
似乎可視為整體造型的主角呢！

織法頁→P.60
使用線材→Hamanaka Korpokkur

選用輕捻粗線編織而成的室內襪。
鬆軟的粗線含有大量空氣，十分保暖，
讓雙腳都暖呼呼的不畏寒冷。
以簡單的「滑針」組合而成的點點圖案，
若是搭配較深沉的暗色調，
則會呈現出略顯成熟的大人氛圍。

織法頁→P.62
使用線材→Hamanaka Bosk

q

這是一款素雅簡約的室內襪。
不需刻意選擇搭配的服裝，
純淨感的配色皆可巧妙融入各種居家風格。
襪口的反摺處運用滑針收緊針目，
讓襪子擁有不易變形，且更好穿的優點。

織法頁→P.63
使用線材→Hamanaka Bosk

這是17～20cm的兒童專用襪。

多彩豐富的色調，搭配動物圖案，真是太可愛了！

正因為使用直編襪的織法，因此織入圖案也變得很簡單。

刺繡也是在平坦的織片上縫綴，所以相當輕鬆。

何不試著挑戰各式各樣的角色呢！

織法頁→P.64
使用線材→Hamanaka Wanpaku Denis

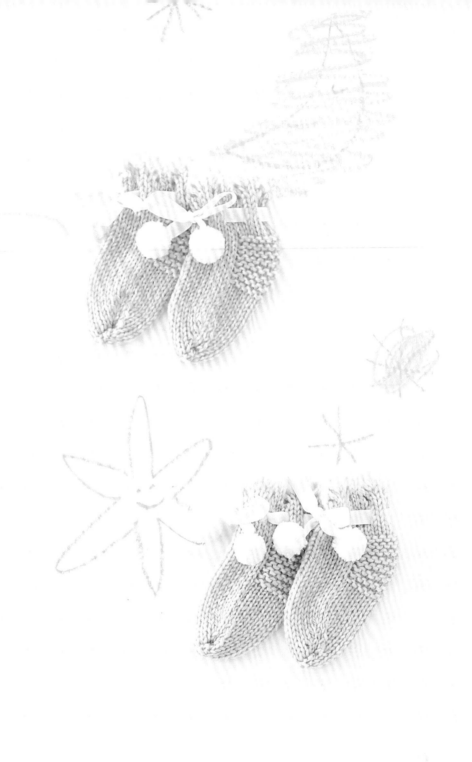

S

粉嫩色調的嬰兒襪最適合當成祝賀禮物了。
襪子本身是不束腳的設計，
改成在腳踝處穿入緞帶，並且加上毛球裝飾。
綁帶不僅可愛，還可防止脫落。
能在短時間裡迅速織好，也是魅力之一。
只要選擇嬰兒專用的織線，不僅手感柔軟，寶寶也能安心使用。

織法頁→P.57
使用線材→Hamanaka Lovely Baby

作品頁…page 56

[材料]
線材　Hamanaka Lovely Baby
〈粉紅色系〉粉紅色（4）30g　白色（1）20g
〈藍色系〉水藍色（6）30g　白色（1）20g
其他　1cm寬的緞帶（白色）　40cm×2條
工具　Hamanaka Puchi amiami 6號單頭棒針2支
Hamanaka　毛線球編織器（H204-550）直徑3.5cm
麻花針
[密度]（依織圖從第1段開始編織）
15針＝7cm　14段＝5cm
[尺寸]
約出生後6～12個月

[織法]
1 依織圖編織前片（參照P.8）。
2 依織圖編織後片（參照P.11）。
3 捲針併縫腳尖，挑針綴縫兩側（參照P.11）。
4 製作毛球，將緞帶穿入襪子之後，再於兩端接縫。
5 依作法 1～4，再另外製作一隻襪子。

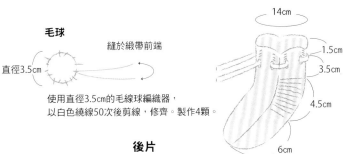

毛球

縫於緞帶前端

直徑3.5cm

使用直徑3.5cm的毛線球編織器，
以白色繞線50次後剪線，修齊。製作4顆。

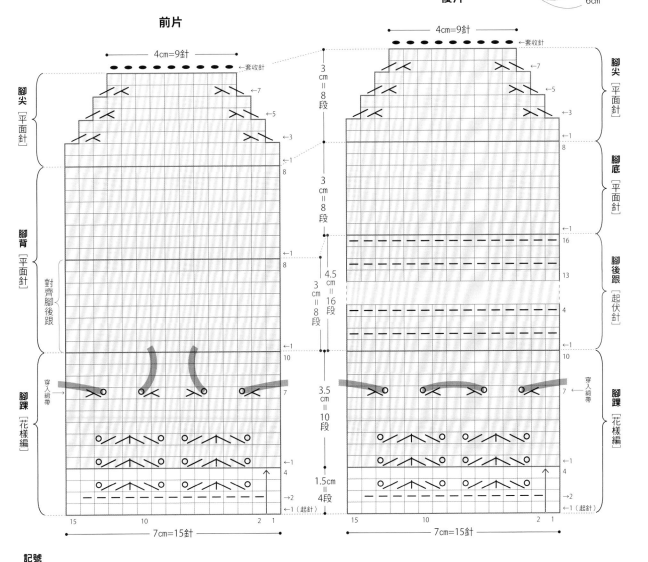

前片

後片

記號
□=I=下針（P.9）　　↑=中上3併針（P.27）　　●=套收針（P.10）
—=上針（P.9）　　入=右上2併針（P.10）
O=掛針（P.27）　　人=左上2併針（P.10）

配色　〈粉紅色〉　〈藍色〉
□　白色　　　白色
▨　粉紅色　　水藍色

[材料]

線材　Hamanaka Wanpaku Denis

〈法式三色〉藍色（11）50g　紅色（38）30g

白色（1）30g

〈灰色系〉灰色（16）70g　白色（1）30g

工具　Hamanaka Puchi amiami 5號單頭棒針2支

麻花針

[密度]（依織圖從第1段開始編織）

26針、22段＝10cm正方形

[尺寸]

23〜26cm

[織法]

1 依織圖編織前片（參照P.8）。

2 依織圖編織後片（參照P.11）。

3 捲針併縫腳尖，挑針綴縫兩側
（參照P.11）。

4 依作法**1**〜**3**，再另外製作一隻襪子。

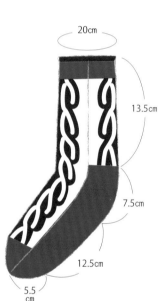

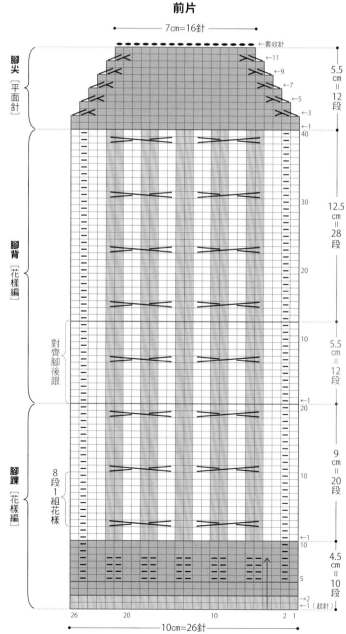

前片

記號

□＝|I|＝下針（P.9）

—＝上針（P.9）

＝左上4針交叉（P.59）

＝右上4針交叉（P.59）

＞＝右上2併針（P.10）

＜＝左上2併針（P.10）

●＝套收針（P.10）

配色　〈法式三色〉　〈灰色系〉

🔲 紅色　　白色

🔲 藍色　　灰色

⬜ 白色　　灰色

58

Technique Guide

織入配色線時，織線要在背面交叉，
之後的編織方法同「在背面渡線的織入圖案法」（P.35）。

左上4針交叉

1　交叉針目為8針，將前4針
（紅2針、白2針）移至麻花
針上，置於織片後方，接著
交叉織線。

2　編織左棒針的紅色2針，渡
線後再織白色2針。

3　左手改拿麻花針。

4　在背面渡線後，編織麻花針
上的紅色2針與白色2針。

5　織好的模樣。完成左上4針
交叉。

右上4針交叉

1　交叉針目為8針，將前4針
移至麻花針上，置於織片前
方。

2　在背面渡線之後，編織左棒
針上的4針。

3　左手改拿麻花針，編織麻花
針上的4針。

4　完成右上4針交叉。

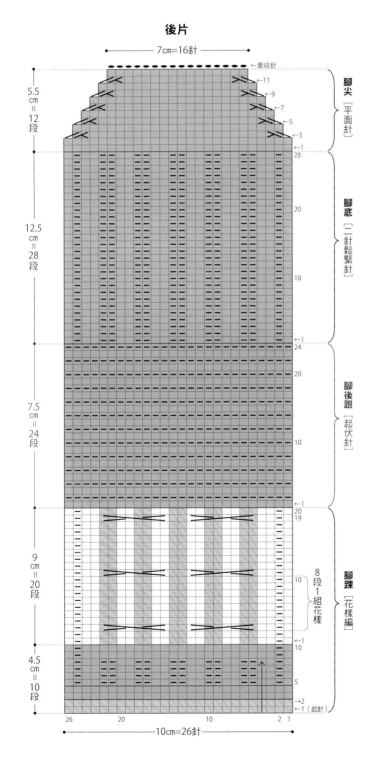

後片

7cm=16針

←套收針

5.5
cm
=
12
段

←11
←9
←7
←5
←3
←1
28

腳尖
［平面針］

12.5
cm
=
28
段

20

10

←1
24

腳底
［二針鬆緊針］

20

10

←1
24

7.5
cm
=
24
段

20

10

←1
20
19

腳後跟
［起伏針］

9
cm
=
20
段

10

←1
10

8段1組花樣

腳踝
［花樣編］

4.5
cm
=
10
段

5

→2
←1（起針）

26　　　20　　　10　　　2　1

10cm=26針

59

作品頁…page 51

[材料]

線材　Hamanaka Korpokkur　〈黃色系〉芥末黃
（5）30g　焦茶色（16）25g　紅色（7）20g
〈綠色系〉茶色（15）30g　淺灰色（3）25g　綠
色（13）20g

工具　Hamanaka Puchi amiami 5號單頭棒針2支
麻花針

[密度]（依織圖從第1段開始編織）
26針＝10cm　32段＝8cm

[尺寸]
23～25cm

[織法]

1 依織圖編織前片（參照P.8）。

2 依織圖編織後片（參照P.11）。

3 捲針併縫腳尖，挑針綴縫兩側（參照P.11）。

4 將襪口朝外反摺，從內側以捲針縫固定。

5 依作法1～4，再另外製作一隻襪子。

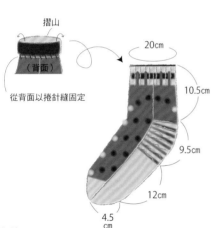

摺山
（背面）
從背面以捲針縫固定

20cm

10.5cm

9.5cm

12cm

4.5
cm

記號

□I□ ＝下針（P.9）

□＝－＝上針（P.9）

V ＝滑針（9段）（P.61）

✕＝2針×1針上針的右上交叉（P.49）

✕＝2針×1針上針的左上交叉（P.49）

○＝ ＝5針5段的爆米花針（P.47）

＞＝右上2併針（P.10）

＜＝左上2併針（P.10）

●＝套收針（P.10）

配色　〈黃色系〉　〈綠色系〉

▨ 　紅色　　　綠色

□ 　芥末黃　　茶色

□ 　焦茶色　　淺灰色

前片

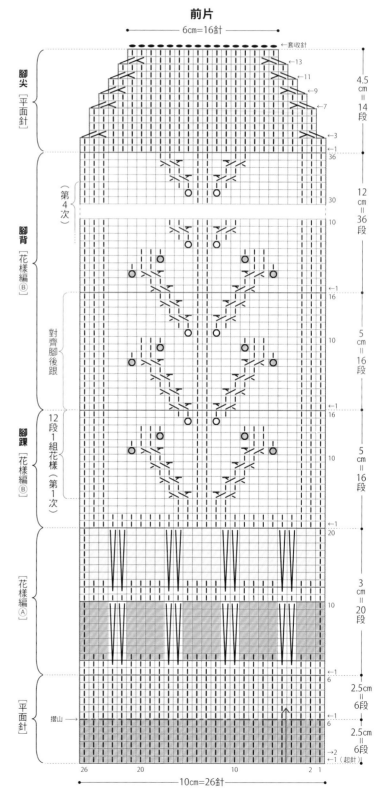

後片

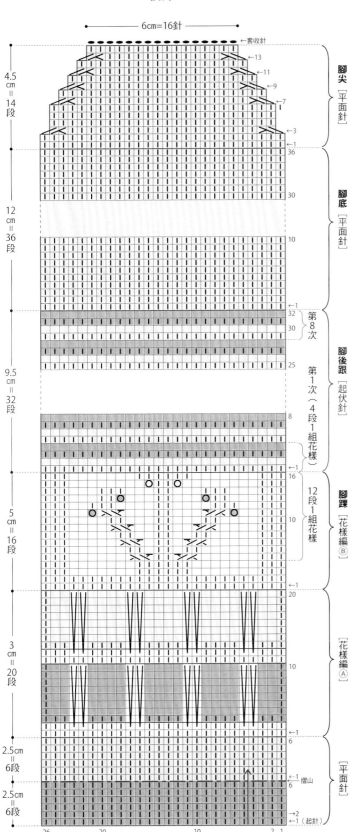

- 6cm＝16針
- ←套收針
- ←13
- ←11
- ←9
- ←7
- ←3
- ←1
- 36

4.5cm＝14段　腳尖 [平面針]

30

12cm＝36段　腳底 [平面針]

←1
10

←1
32
30　第8次

25　第1次（4段1組花樣）

9.5cm＝32段　腳後跟 [起伏針]

8

←1
16

←1
10

5cm＝16段　腳踝 [花樣編Ⓑ] 12段1組花樣

←1
20

3cm＝20段　[花樣編Ⓐ]

10

←1
6

2.5cm＝6段　[平面針]

←1
6　摺山

2.5cm＝6段

→2
←1（起針）

- 26
- 20
- 10
- 2　1

- 10cm＝26針

滑針

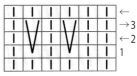

←
→3
←2
1

不編織針目而是直接滑至右棒針上。
跨段數的滑針會讓織片緊縮，
因此可以作出立體的花樣。
此處是以3段的滑針來示範解說。

1　滑針的第1段是織下針。編織至第2段的滑針處，右棒針依箭頭指示穿入。

2　不編織針目，直接滑至右棒針的模樣。繼續編織下一針。

3　完成滑針。

（背面）

4　織線同樣在滑針的背面渡線。

（背面）

5　下一段。編織至滑針前為止。

（背面）

6　滑針針目不織，直接移至右棒針上。

（背面）

7　下一段織好的模樣。

（背面）

8　為避免滑針歪斜，因此編織滑針上方的針目時，要先穿入棒針再編織。

9　第3段的滑針織好的模樣。配合指定的段數來編織滑針。

作品頁…page 52

[材料]
線材　Hamanaka Bosk
M　磚紅色（10）80g　卡其色（5）45g
L　藏青色（7）100g　杏色（9）50g
工具　Hamanaka Puchi amiami 8號單頭棒針2支
麻花針
[密度]（依織圖從第1段開始編織）
12針＝11cm　16段＝10cm
[尺寸]
M 23～25cm　L 24～26cm

[織法]
❶ 依織圖編織前片（參照P.8）。
❷ 依織圖編織後片（參照P.11）。
❸ 捲針併縫腳尖，挑針綴縫兩側
（參照P.11）。
❹ 依作法①～③，再另外製作
一隻襪子。

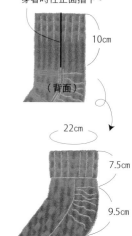

此部分從背面挑針綴縫，
穿著時往正面摺下。
10cm
（背面）
22cm
7.5cm
9.5cm
M L
12.5 15
cm cm
4
cm

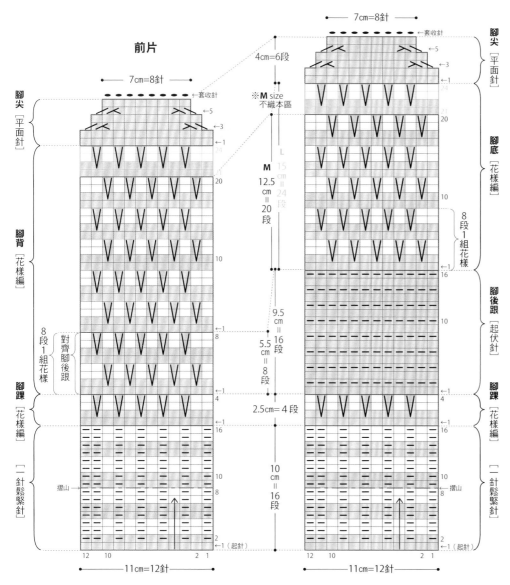

後片

前片

記號
□＝|＝下針（P.9）
⊐＝上針（P.9）
V＝滑針（3段）（P.61）
✕＝右上2併針（P.10）
✕＝左上2併針（P.10）
●＝套收針（P.10）

配色 M L
▨ 磚紅色 藏青色
□ 卡其色 杏色

62

q

作品頁…page 53

[材料]
線材　Hamanaka Bosk　**M**　白色（1）95g
　　　灰色（3）30g
　　　L　灰色（3）100g　白色（1）30g
工具　Hamanaka Puchi amiami 8mm單頭棒針2支
[密度]（依織圖從第1段開始編織）
12針＝11cm　18段＝10cm
[尺寸]
M 23～25cm　**L** 24～26cm

[織法]
1 依織圖編織前片（參照P.8）。
2 依織圖編織後片（參照P.11）。
3 捲針併縫腳尖，挑針綴縫兩側
　（參照P.11）。
4 襪口反摺，以捲針縫固定。
5 依作法**1**～**4**，再另外製作一隻襪子。

反摺之後，
在背面以捲針縫固定。
摺山
（背面）

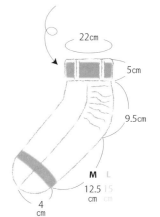

22cm
5cm
9.5cm
M **L**
12.5 15
cm cm
4cm

後片

前片

 ※**M** size
不織本區

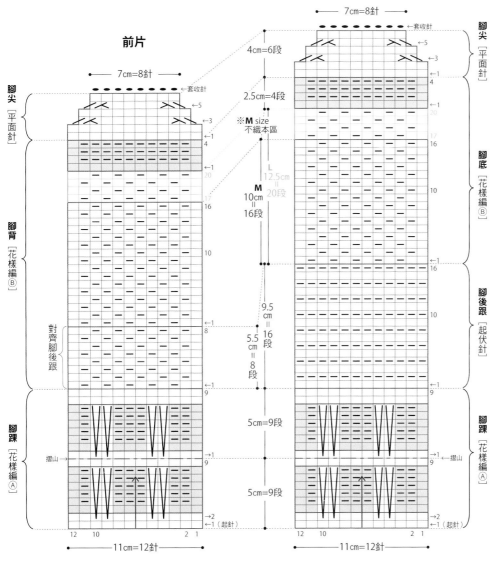

記號
□＝|＝下針（P.9）
—＝上針（P.9）
V＝滑針（7段）（P.61）
＞＜＝右上2併針（P.10）
＜＞＝左上2併針（P.10）
●＝套收針（P.10）

配色　**M**　**L**
□ 白色　灰色
▨ 灰色　白色

63

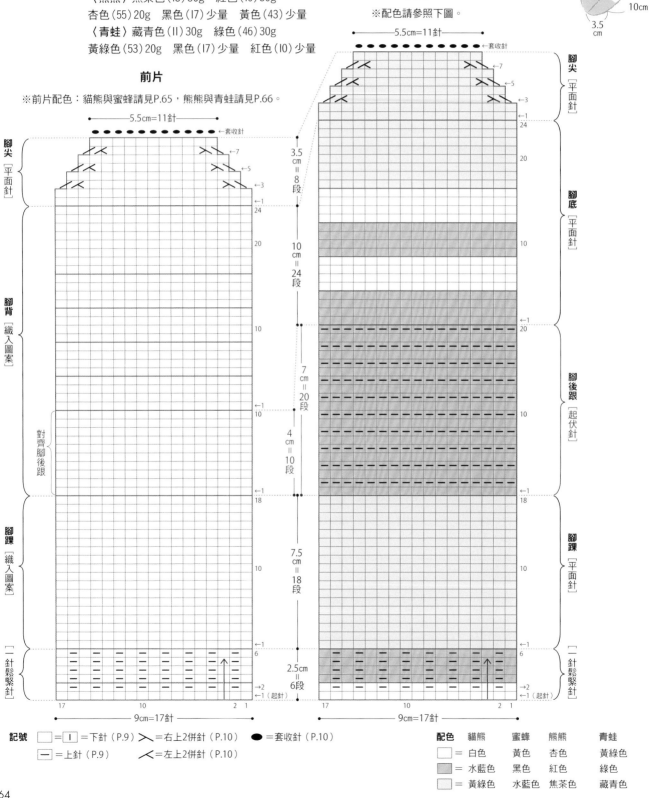

[織法]

1 依織圖編織前片（參照P.8）。

2 依織圖編織後片（參照P.11）。

3 繡上刺繡（平面針刺繡P.18、直線繡P.66）。

4 捲針併縫腳尖，挑針綴縫兩側（參照P.11）。

5 依作法1～4，再另外製作一隻襪子。

便利工具

防滑劑　mini®

若是擔心小朋友穿著未處理的手織襪會滑倒，那就加上市售的防滑劑吧！這款「スベラナイン」的成分是壓克力丙烯系聚合樹脂，只要將透明的膠狀溶劑塗抹於襪底，乾燥之後就有止滑的效果，不易打滑了。

提供/KAWAGUCHI

前片
貓熊

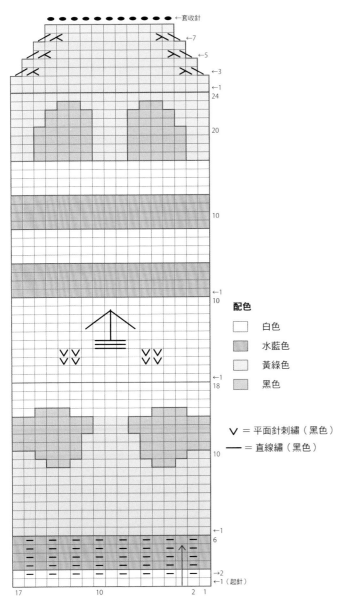

配色

□ 白色

▨ 水藍色

▧ 黃綠色

■ 黑色

Ｖ ＝ 平面針刺繡（黑色）

— ＝ 直線繡（黑色）

前片
蜜蜂

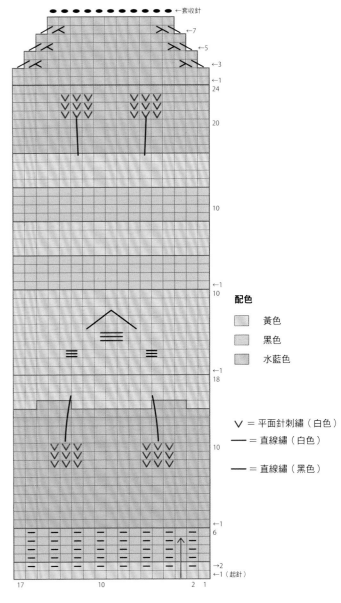

配色

▧ 黃色

■ 黑色

▨ 水藍色

Ｖ ＝ 平面針刺繡（白色）

— ＝ 直線繡（白色）

— ＝ 直線繡（黑色）

65

前片 熊熊　　　　　　　　　　　　　　**前片** 青蛙

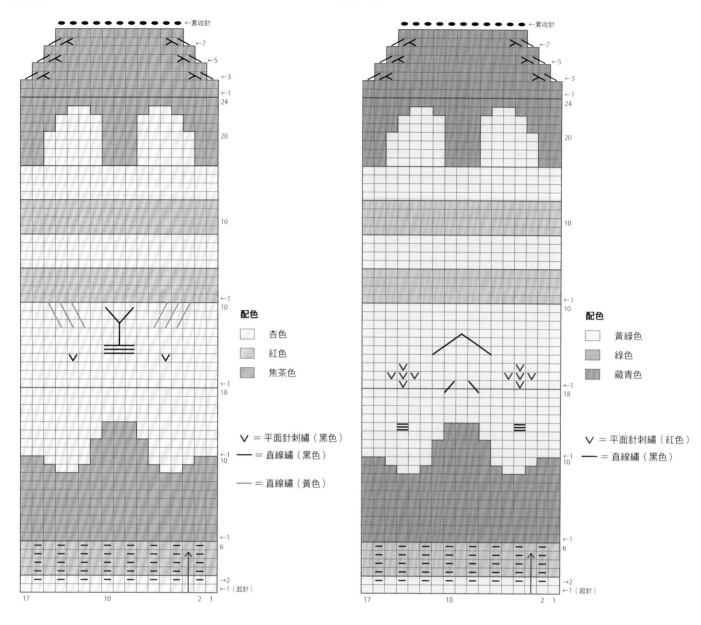

配色（熊熊）

□ 杏色
▨ 紅色
▧ 焦茶色

Ⅴ = 平面針刺繡（黑色）
— = 直線繡（黑色）
— = 直線繡（黃色）

配色（青蛙）

□ 黃綠色
▧ 綠色
▧ 藏青色

Ⅴ = 平面針刺繡（紅色）
— = 直線繡（黑色）

刺繡針法

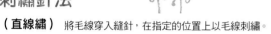

（**直線繡**） 將毛線穿入縫針，在指定的位置上以毛線刺繡。

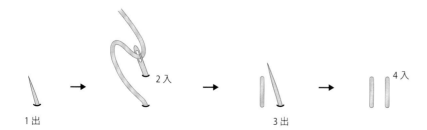

1 出　→　2 入　→　3 出　→　4 入

● 樂・鉤織 12

襪！真簡單
我的第一雙棒針手織襪

作　　　者／MIKA ＊ YUKA
譯　　　者／彭小玲
發　行　人／詹慶和
總　編　輯／蔡麗玲
執　行　編　輯／蔡毓玲
編　　　輯／劉蕙寧・黃璟安・陳姿伶・白宜平・李佳穎
執　行　美　術／李盈儀
美　術　編　輯／陳麗娜・周盈汝
內　頁　排　版／造極
出　　　版　者／Elegant-Boutique 新手作
發　　　行　者／悅智文化事業有限公司
郵政劃撥帳號／19452608
戶　　　名／悅智文化事業有限公司
地　　　址／新北市板橋區板新路 206 號 3 樓
電　　　話／（02）8952-4078
傳　　　真／（02）8952-4084
網　　　址／www.elegantbooks.com.tw
電　子　信　箱／elegantbooks@msa.hinet.net
....
2014 年 12 月初版一刷　定價 300 元
....

MASSUGU AMUDAKE BIKKURI！KUTSUSHITA
© Dogpaws 2013
Originally published in Japan by Shufunotomo Co., Ltd.
Translation rights arranged with Shufunotomo Co., Ltd.
through Keio Cultural Enterprise Co., Ltd.

經銷／高見文化行銷股份有限公司
地址／新北市樹林區佳園路二段 70-1 號
電話／ 0800-055-365　傳真／ (02) 2668-6220

國家圖書館出版品預行編目資料

襪！真簡單：我的第一雙棒針手織襪 / MIKA,
YUKA 著 . -- 初版 . -- 新北市：新手作出版：悅
智文化發行 , 2014.12
　　面；　公分 . -- (樂 . 鉤織；12)
ISBN 978-986-5905-77-4(平裝)

1. 編織 2. 手工藝

426.4　　　　　　　　　　　　　103020769

STAFF

裝幀・版面設計　　堀江京子（netz）
步驟攝影　　　　　梅澤 仁
封面・彩頁攝影　　佐山裕子（主婦之友攝影課）
插畫　　　　　　　藤井 惠
模特兒　　　　　　近藤杏海
數位製圖　　　　　下野彰子
校閱　　　　　　　こめだ恭子
企劃・編輯　　　　小泉未來
責任編輯　　　　　森信千夏（主婦之友社）

線・材料提供

Hamanaka 株式會社
網頁　http://www.hamanaka.co.jp/

本書刊載資訊皆為2013年9月前的訊息。
若有變更或商品缺貨的情形，敬請見諒。

★本書刊載的直編襪作法與款式，由羽田美香、星川優香、
　Hamanaka公司共同註冊專利中。未經許可，不得擅自以此
　作法營利，或製作直編襪成品販售。